U0376364

[韩] 金美爱 | 朴英景 | 尹慧娜 | 闵景琅◎著
王志国◎译

吉林科学技术出版社

图书在版编目（CIP）数据

烘焙盛宴 /（韩）金美爱等著 ； 王志国译. -- 长春：吉林科学技术出版社，2014.8
ISBN 978-7-5384-8083-2

Ⅰ.①烘… Ⅱ.①金… ②王… Ⅲ.①烘焙－糕点加工
Ⅳ.①TS213.2

中国版本图书馆CIP数据核字（2014）第190219号

烘 焙 盛 宴

著 [韩]金美爱 朴英景 尹慧娜 闵景琅
译 王志国
助理翻译 张 植 苏 莹 罗 岩
出版人 李 梁
责任编辑 朱 萌
封面设计 长春美印图文设计有限公司
制 版 长春美印图文设计有限公司
开 本 889mm×1194mm 1/20
字 数 350千字
印 张 20
印 数 1-4 000册
版 次 2014年9月第1版
印 次 2014年9月第1次印刷

出 版 吉林科学技术出版社
发 行 吉林科学技术出版社
地 址 长春市人民大街4646号
邮 编 130021
发行部电话 / 传真 0431-85600611 85651759 85635177
85651628 85635181 85635176
储运部电话 0431-86059116
编辑部电话 0431-85670016
团购热线 0431-85670016
网 址 www.jlstp.net
印 刷 沈阳美程在线印刷有限公司

书 号 ISBN 978-7-5384-8083-2
定 价 79.00元

四位作者的烘焙幸福序言

金美爱

因为结婚早，所以我很早就当上了两个孩子的妈妈，不知不觉间他们已经长大成人，有了属于自己的新生活。机缘巧合使我接触到烘焙，一下子就着了迷，烘焙对于我来说是陌生而新鲜的。每天早晨，孩子们上学后，我就在网上搜索烘焙美食的制法。看到精美的曲奇模、烘焙工具或新鲜而适用的材料，就一个不落地都买下来，攒了很多，这些东西对我来说弥足珍贵。不知不觉中，自己竟成了烘焙高手。以为是井底之蛙的我，通过微博和他人互动，发现很多人喜欢我的烘焙方法，并有幸做了烘焙讲座的一名讲师。

《烘焙盛宴》是我出版的第二本书，我编写了面包部分。初学者通常对一些细节不是很了解，本书对多处细节做了详细介绍，并对不常见的材料也附了说明，使烘焙更简单易学，希望这本书帮助到喜欢烘焙的朋友们。

朴英景

一个偶然的机会，我第一次接触到了烘焙。7年前，我还只会做荷包蛋，出于好奇，拿出了买了10多年的烤箱，不会用，就照着说明书，好不容易把烤箱电源开关打开了，就这么开始了烘焙学习。可我连做梦也想不到，烘焙竟然成了我的第二条人生路。刚开始时，用面粉、糖、盐和水就能做出如此诱人的美食，觉得很神奇，就没日没夜地又是做面包，又是烤蛋糕，好像整个人都变了。因为学会了烘焙，即使是和初次见面的人，也有了感兴趣的话题，关系一下子拉近了许多。

我希望通过这本书，让更多的人能一起来分享这份幸福的甜美，并通过烘焙向我们所爱的家人和朋友表达自己的感情。

尹慧娜

不知不觉中，我已经当6岁孩子的妈妈了。结婚后为了丈夫愿意待在厨房的我，现在又为了孩子，更加享受在厨房做饭的时光。现在，想象妈妈给予我的一样，也想和女儿一起收获一些烘焙时留下的记忆。我去厨房，女儿就踩着凳子在旁边说“想看着妈妈做”，庆幸可以好好在她面前“卖弄”，真的很幸福，也希望她能学会并拥有给予和分享的心。

我在烘焙方面不是很专业，但我想这些大众化的美食朋友们学起来会更容易。这本书不仅适用于初学者，其中的独具匠心之处也值得高手认真品读。

如果没有书中的材料，用您手边的食材来尝试新做法也可以。我好奇心很强，兴趣也很多，但烘焙的魅力无穷，希望大家和我一起分享烘焙的幸福和甜蜜。

闵景琅

家庭烘焙能排解寂寞和孤独，学习时的好奇、制作时的兴奋和分享时的满足，都能让沉闷的心沐浴明媚的阳光。

第一次分享烤好的蛋糕时的感动和兴奋至今难忘。虽然很不成样子，但烘焙的魅力在于自己亲自动手，用心做并把热乎乎的美食分享给你最在乎的家人和朋友。

希望通过这本书，大家可以按自己的喜好独创出新的制作方法，并希望此书可以成为烘焙时经常陪伴您的好伙伴，像阳光一样照耀并温暖您的生活。

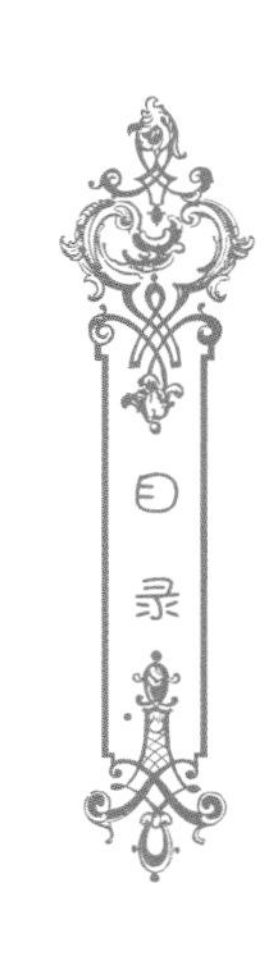

家庭烘焙基础

健康面包

三明治&沙拉

吐司面包三明治

百吉饼三明治

牛角面包三明治

早餐面包三明治

长棍面包三明治

夏巴塔三明治

谷物面包三明治

薄饼三明治

混合沙拉

曲奇

曲奇

花样曲奇

美式曲奇

糖丸

挤制曲奇

瓦片饼干

蛋白甜点

油酥点心

派

意式脆饼

蛋糕

家庭烘焙基础

家庭烘焙基本工具

1. 烤箱

烤箱是烘焙的必备工具。有天然气烤箱、电烤箱和传统燃料烤箱等多种类型。无论选什么类型，适合自己的最重要。

2. 称量工具

烘焙时，材料的精确用量怎么强调都不为过，厨房秤比一般的秤更方便精准。计量杯和计量匙也是必不可少的。

3. 擀面杖、刨刀、面包刀

擀面杖主要用来擀面。刨刀用来刨制各种丝馅和果皮。面包刀用来切面包，比其他的刀使用起来更加方便。

4. 碗

碗用来存放和混合粉料，多用不锈钢碗，但也有保鲜碗和玻璃碗，准备多个大小不同的碗，用起来更方便。

5. 抹刀、面铲（刮板）

抹刀用来往蛋糕等制品上涂抹奶油，抹果酱或巧克力酱时也可以使用抹刀。面铲用来切面包面胚或馅饼面胚，常用不锈钢和塑料材质。

6. 打蛋器

比较有代表性的打蛋器有手握式打蛋器和手提式电动搅拌机。简单的搅拌可用手握式打蛋器，但像蛋糕这种需要打成泡沫状时，用手提式电动搅拌机更方便。

7. 硅油纸、硅油纸托

烘焙时，为了和模具分离，必须准备硅油纸。烤蛋糕用的硅油纸托很容易在市场上买到。

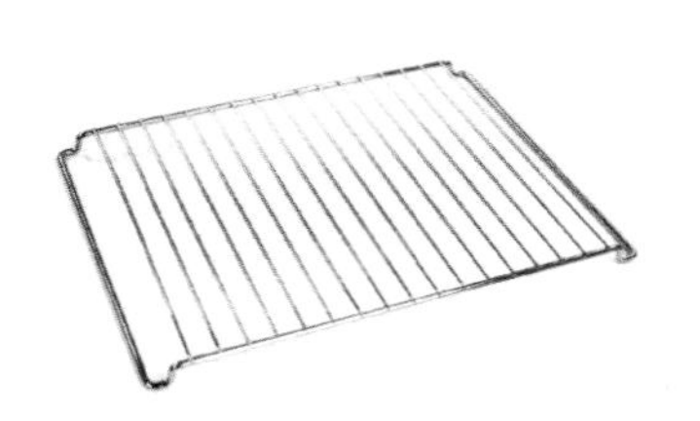

8. 冷却网架

用于冷却出炉后的曲奇、面包和蛋糕等，不必另外购买，用买烤箱时带的烤网也可以。

9. 裱花袋、裱花嘴

在裱花袋中放入曲奇胚料或淡奶油，裱花袋口嵌上多种形状的裱花嘴，可用来装饰。防水布制成的裱花袋，使用后洗净可用多次，一次性裱花袋也很常用。

10. 刮刀

种类有木刮刀、橡胶刮刀和硅胶刮刀等多种，主要用于搅拌，其中硅胶刮刀是必备工具之一，抗热性很强的橡胶刮刀也是值得推荐的。

11. 面筛

用来筛面粉等粉状物，一般的手握面筛很方便，但最好准备一个更方便的烘焙专用面筛杯。

12. 温度计、计时器

温度计用于做面包或烤多样曲奇和蛋糕等。有测量烤箱内部的温度计和测量面胚的温度计，虽然不属于必备工具，但可根据需要置备。计时器用来计算发酵和烘焙时间。

13. 挖球勺、毛刷

挖球勺也分为不同的大小，主要用于挖出球状的面团、馅料和挖冰淇淋用。毛刷用来在面胚上刷蛋液、油或水。目前最常用的是干净又方便的硅胶毛刷。

14. 长棍面包模、吐司盒

烤制长棍面包时，要特别注意的是上下受热要均匀，所以长棍面包专用模的特点是上面布有均匀的孔洞。吐司盒比磅蛋糕模的高度高，也有孔洞的，若常烤面包，最好置备一个。

15. 圆模、方模、磅蛋糕模

最常用的是方模，家用模多用8寸（寸指英寸，1英寸=2.54cm）模，圆模按直径分为6寸、8寸等常见尺寸。磅蛋糕模一般用作烘烤磅蛋糕或面包。磅蛋糕是因为用的原材料都为均等的分量而得名。

16. 慕斯圈

慕斯圈用于把慕斯蛋糕或红薯蛋糕等放入冰箱中的蛋糕定型，也用作烤制车轮饼。有圆形和方形的模具。

17. 派模、蛋挞模

烤制派或蛋挞时用到的模具，边缘有锯齿，扁平状，底盘可分离的模具，烘烤后方便取出制品。

18. 蛋糕模

制作戚风蛋糕、德国葡萄蛋糕、长崎蛋糕和一些普通蛋糕时用到的模具，戚风蛋糕和天使蛋糕用活底中空模。

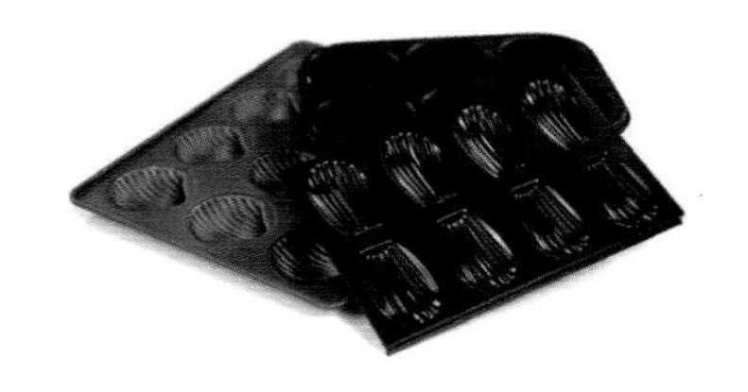

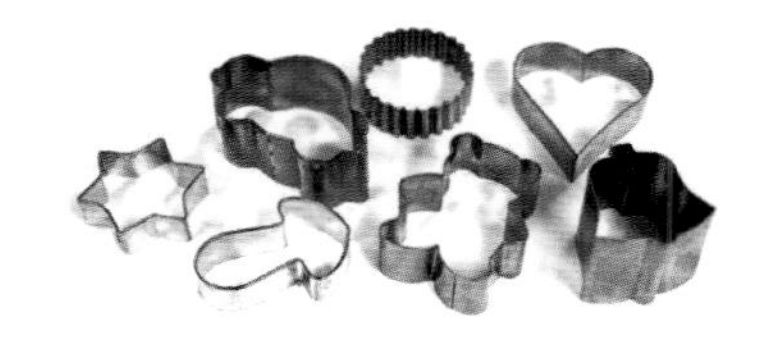

19. 纸杯蛋糕模、锡纸模

可以买到一次性的纸杯蛋糕模和锡纸模，用一次性模烘烤出炉后不用脱模。

20. 麦芬模、玛德琳模

制作麦芬和玛德琳蛋糕时使用的模具，常用的有一次可盛装 6 个和 12 个麦芬的两种模具，玛德琳模具内部刻有扇形或贝壳花纹图案。

21. 饼干模

饼干模是制作花样曲奇时的必备工具。一般有不锈钢和塑料材质的，常见形状有星星、小熊、心形和小汽车等。

家庭烘焙基本材料

1. 面粉、杂粮

面粉的种类分为高筋粉、中筋粉和低筋粉。高筋粉用来制作面包。中筋粉用来制作中式点心、蛋挞皮与派皮，低筋粉用来制作蛋糕，因为它可以使蛋糕的口感更加松软细腻。杂粮是多种谷物粉混合而成，做杂粮面包时加入即可。

2. 其他粉类

做蛋糕、曲奇、面包时，可加入肉桂粉提味。玉米粉可用于制作玉米面包或玉米点心。可可粉是可可豆磨碎而成，可用于制作曲奇或蛋糕。核桃粉是核桃磨碎而成，在烘焙中经常用到。燕麦在制作谷物面包或曲奇时加入。

3. 天然粉、人工色素

目前市场上有许多天然粉类，例如抹茶粉、可可粉、南瓜粉等，加入面包、曲奇和蛋糕中便可呈多种颜色。虽然人工色素仅用微量，便可随意调色，但以尽量不要添加人工色素为宜。

4. 鸡蛋

制作面包和蛋糕都要加入鸡蛋，通常把鸡蛋置于室内常温，不冷却为宜，长时间保存建议冷藏。一枚鸡蛋的重量一般为60g，蛋黄、蛋白和蛋壳的比例为6 ： 3 ： 1。

5. 砂糖、糖粉

砂糖分为白砂糖、黄砂糖、赤砂糖，可据各自用途来选用。把砂糖磨成粉状后，加入淀粉混合而成的糖粉广泛使用于蛋糕装饰、糖衣和曲奇的制作等。粗砂糖是大块状砂糖，用于撒在面包或曲奇表面。

6. 膨松剂

酵母可使面胚发酵，大致分为鲜酵母、干酵母和即发酵母粉三种，书中用的主要是即发酵母粉。泡打粉作为使蛋糕和曲奇膨胀的一种化学膨松剂，可以去除苦味并使面胚发酵。泡打粉的膨松系数是烘焙用苏打的 2 ～ 3 倍，可使胚料向两侧膨松。

7. 黄油、油

黄油和油是烘焙的基本原料之一，黄油通常使用无盐黄油，有时加入配料油。也可使用人造黄油、起酥油，但口味和营养都不如无盐黄油，反式脂肪含量又高，最好不用。油一般使用食用油和橄榄油。

8. 巧克力

烘焙巧克力有黑巧克力、牛奶巧克力和白巧克力三种，大块板状巧克力需用刀切开，小块巧克力则比较方便。

9. 糖浆

糖浆有糖稀、枫叶糖浆和炼乳等多种，可代替细砂糖使用，也可为了使制品拥有特殊的香味而使用。麦芽糖适合糖尿病和高血糖的人食用，既有甜味又不会使血糖升高。

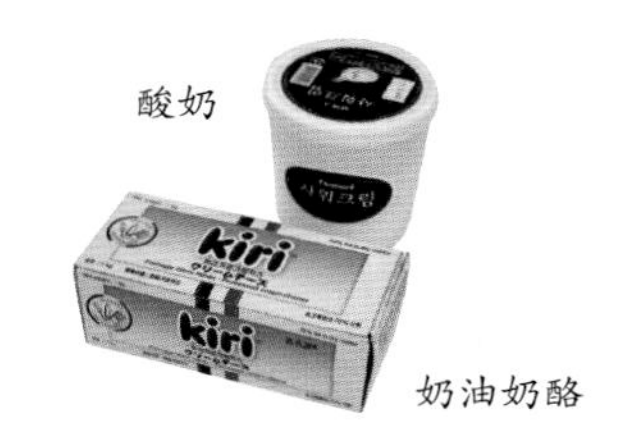

10. 奶油奶酪、酸奶

奶油奶酪是一种未成熟的全脂奶酪，可以抹在面包或奶酪蛋糕上。酸奶是使牛奶发酵后制成的，味酸，但保存时间短。

11. 淡奶油、牛奶

牛奶和淡奶油是烘焙必不可少的原料之一，可使面包松软，色味俱佳。淡奶油即牛奶脂肪经分离而成，进行简单搅打，用于奶油或蛋糕的制作。

12. 酒类、柠檬汁

烘焙用酒主要用来使制品散发独有的香味，或除去鸡蛋等其他材料中的杂味，用量少，一般为1～2大勺，朗姆酒是蔗糖制成的，君度和咖啡酒是调味酒，柠檬汁可以从柠檬中榨取，也可以到超市购买成品。

13. 坚果、干果

核桃、杏仁、榛子、开心果、葵花籽等坚果，在锅中稍微炒一下，或在烤箱中烤至酥脆，可除杂味，口感更香。干果主要有葡萄干、无花果干、蓝莓干、蔓越莓干等，用前最好在朗姆酒或温水中泡一下。

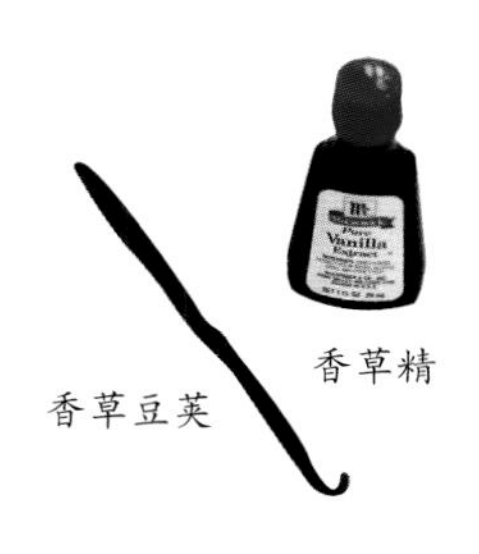

14. 香草豆荚、香草精

一般把香草粉（香草豆荚磨制而成）和面粉混合使用，也会用到香草豆荚的籽。把液态的香草精加入蛋糕或曲奇，不但可除杂味，还可使制品有特殊香味。由于香草精价格比较昂贵，也可以省略不用。

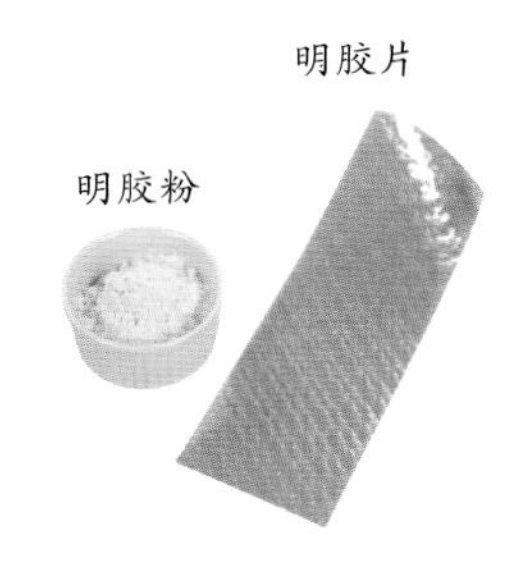

15. 明胶粉、明胶片（吉利丁粉、吉利丁片）

传统叫鱼胶粉、鱼胶片，最早是用鱼皮制作，现在一般也有猪皮制作。明胶作为一种凝固剂，是从动物蛋白中提取而成的。把明胶粉溶于热水中，变成液体再冷却，便可制成固体明胶。主要用于制作慕斯蛋糕或布丁、果冻等。明胶片，在冷水中浸泡后，拧干水分，溶入其他材料即可。

预热

预热指预先把烤箱调到指定温度，烘烤时，如需温度是180℃，则请于烘烤前5～10分，开启烤箱把温度调至180℃。尤其是制作蛋糕或曲奇时，如不经预热，会延长烘烤时间或影响面包和蛋糕的制作效果。

装盘

把面包或曲奇的胚料移至烤盘的过程叫装盘，制作戚风蛋糕等把胚料移至圆形模的过程，也叫装盘。

搅打

用搅蛋器搅打鸡蛋和淡奶油，使之充入空气的过程叫搅打。

蛋白糖霜

在蛋白中加入过筛糖粉，用打蛋器搅打，使之充入空气，可制成多种质感的蛋白制品。

静置

把揉好的胚料置于冰箱或常温下，使内部网状结构均匀并充分吸水伸展的过程叫静置。静置后的胚料成型效果更好。花样曲奇的胚料如不静置，出炉后制品的表面会很粗糙。

整形

用手把面包或曲奇等的胚料揉成各种形状的过程称为整形。

隔水加热

不直接放在火上，而是间接加热的过程叫隔水加热。隔水加热主要用于融化巧克力或黄油，指下面放上盛热水的大碗或锅，上面放小碗加热的一种操作。

室温软化

一般冷藏保存，使用时需取出放置于常温软化，便于制作，特别是冷藏的黄油和鸡蛋，如直接使用，易与面胚分离，所以必须进行室温软化，冬天大约需1小时，夏天大约30分钟。

切拌

在曲奇做法上，经常能看到“像剪开一样地拌”的介绍，心太急，面粉像捣碎一样地搅拌，或多次上下翻，部分揉在一起地搅拌，会生成面筋，做出来的制品口感很硬。用刮刀竖向像剪开一样地拌，然后把碗按顺时针方向旋转，搅拌两次之后，从底下铲起大面积往上翻，再竖向像剪开一样地搅拌的过程叫切拌。

挂糖衣

把蛋白中加入糖粉和柠檬汁制成的糖浆，放入裱花袋或三角纸袋中，在曲奇上画图案或撒在表面的过程叫挂糖衣。在蛋糕表面抹一层淡奶油或黄油，也是挂糖衣的一种。

杀菌

不入烤箱的烘焙制品或冷果类，为防止细菌繁殖，经常杀菌很重要。

排气

面胚经第一次发酵后，轻轻挤压的过程叫排气。排气后，酵母活性及面筋的伸缩性都得到增强，制品表面光滑。

揉圆

整形前，把面胚几等分后，会出现不整齐的断面，把面胚揉圆，表面生成的薄膜可防止面胚内气体外散。

中间发酵

把面胚分为几小块儿，发酵 10 ～ 20 分钟，经过中间发酵的面胚易于成型。

发酵过度

发酵过度即超过了面胚的最佳发酵点，做出来的制品口感很硬，或有酸味。

烤箱发酵

在 40℃以内的温热烤箱中放一碗水，并把放面胚的碗盖上保鲜膜，进行的发酵过程就是烤箱发酵。

铺面

铺面是面胚成型时，为防止沾到面板或手上而撒的面粉。常用少量高筋粉，如稍后将在曲奇等面胚中加入副料，则不用把铺面都和进面胚，即表面仍残留少量面粉为宜。需注意的是，若铺面全部和进面胚后，再把副料和入面胚，因和的次数太过，会导致制品过硬。

蛋白糖霜

蛋白糖霜是由蛋白中加入糖粉后打发成的白色泡沫状，在烘焙中经常用到。

食材 | 蛋白一个、糖粉20g

1. 在无水的碗中，准备一个完全分离的蛋白。

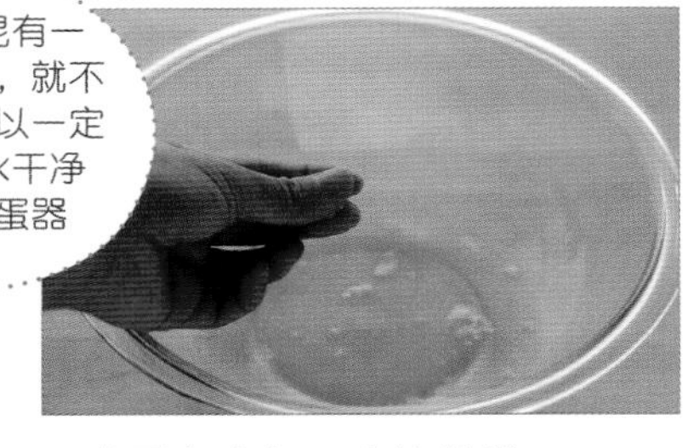

2. 在蛋白中加入少许糖粉。

3. 快速用手握搅拌器搅打。

4. 如想打发成白色泡沫状，糖粉可分三四次加入，用力搅打，直至稠厚。

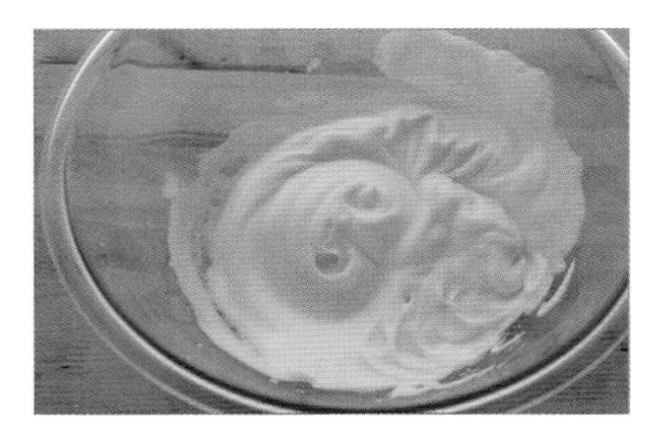

5. 不断搅打直至所有蛋白呈均匀泡沫状，并变硬、变顺滑。

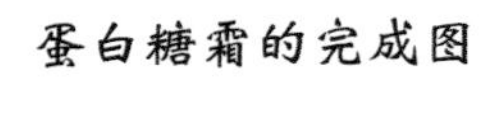

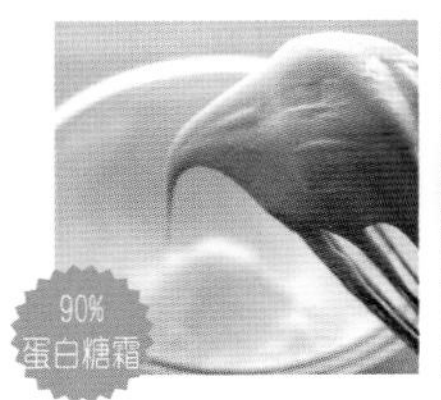

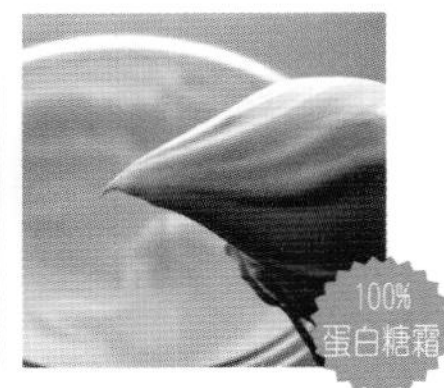

制作淡奶油

在制作慕斯蛋糕、戚风蛋糕或奶油蛋糕时必须用到淡奶油。

食材 | 淡奶油100g、细砂糖10g（淡奶油含量的10%）

1. 在无水干净的碗中放入凉的淡奶油，并轻轻搅打至发泡。

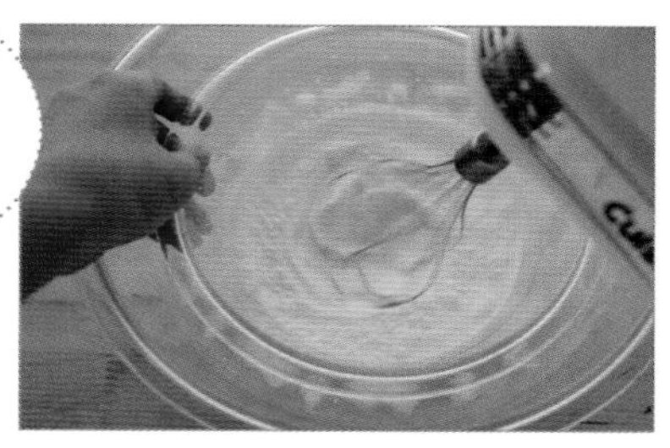

2. 加入细砂糖，搅打直至完全溶解。

3. 奶油变得可以挂在打蛋器上，并自然下垂。

4. 继续搅打，会在奶油中留下搅打的印迹。

5. 继续搅打，拿起打蛋器时，沾在上面的发泡奶油尖端呈弯曲状。

6. 继续搅打，挑起的奶油呈尖角，变硬。

Tip

❶ 注意：淡奶油如过度发泡，会变粗糙并分离。
❷ 加入朗姆酒或白兰地，气味更香。
❸ 打好的淡奶油，如温度升高会变软，建议冷藏放置。

海绵蛋糕

食材（6寸蛋糕圆模）| 鸡蛋2个、细砂糖60g、糖稀10g、低筋粉60g、黄油20g

1. 准备直径为6寸圆模一个。

2. 黄油隔水加热使之融化。

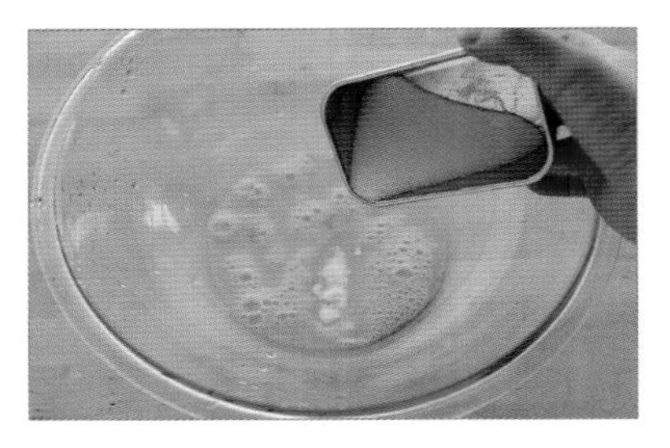

3. 准备一个大碗，搅打鸡蛋，放入细砂糖和糖稀。

4. 用打蛋器轻轻搅打鸡蛋、砂糖和糖稀的混合物。

5. 在锅中把水煮沸，把碗放在锅上进行隔水加热。

6. 用打蛋器继续搅打，使糖融化。

7. 把手指放在碗底部，确认细砂糖是否完全融化。

8. 细砂糖完全融化，蛋液温热（40℃时），小火，并用手握电动打蛋器搅打，充分发泡。

9. 快速而有韧性地搅打，快结束时转为低速搅打。

10. 把打蛋器拿起时，蛋液自然下垂，如可以画清楚的线形图案，可以保存并有气泡，说明已完成搅打。

11. 放入过筛的面粉。

12. 用铲子搅拌，同时注意不能黏成块。

13. 隔水加热好的黄油中，加入少量配胚料，拌均匀顺滑后，再和整个胚料拌匀。

14. 把搅拌好的胚料入模，在160℃底层的温度下，烘烤40分钟。

15. 制品脱模，移至网架冷却。

抹胚

食材 | 海绵蛋糕一个、糖浆（水50g、细砂糖25g、朗姆酒少许）

1. 把充分冷却的海绵蛋糕上的油纸去掉。

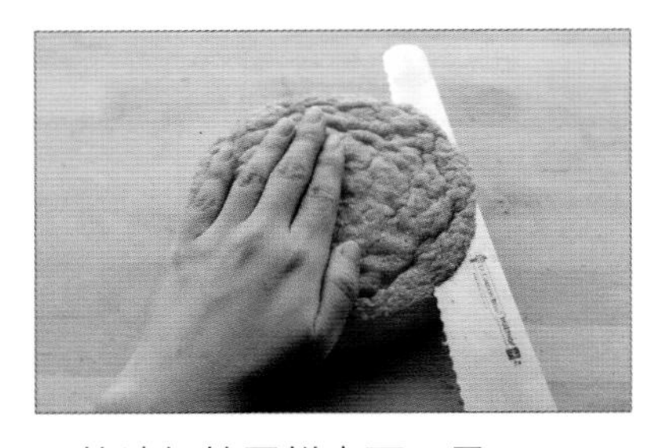

2. 快速切掉蛋糕表面一层。

3. 用竹签按1～2cm的厚度像拉锯一样三等分。

4. 把切下的一片海绵放在转板上，充分抹一层糖浆。

5. 用抹刀抹上厚度均匀的奶油后，再放一切片，抹上糖浆，再抹厚度均匀的奶油。

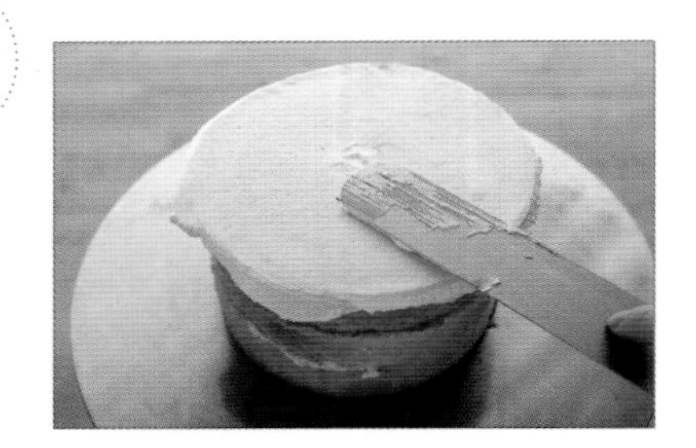

6. 再抹好糖浆的三层蛋糕对齐换放好，并在表面抹上奶油。

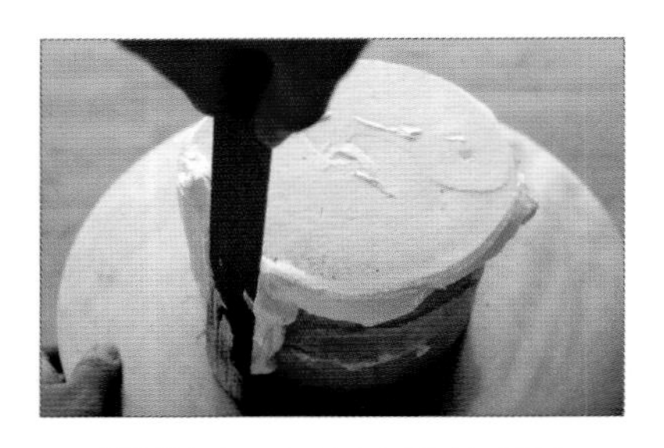

7. 利用转盘，两侧也涂抹光滑。

8. 把边缘奶油向上多抹一些。

9. 整形，平整即可。

油纸铺法

方模的油纸铺法

1．按模具的尺寸，裁剪一块稍大于模具的油纸。

2．把模具放在纸中间，四周顺模具的底边折出印，四角剪开。

3．重新把油纸铺在模具里面，对好中心点，边缘顺模具侧面折叠后，用剩下的少量面胚固定。

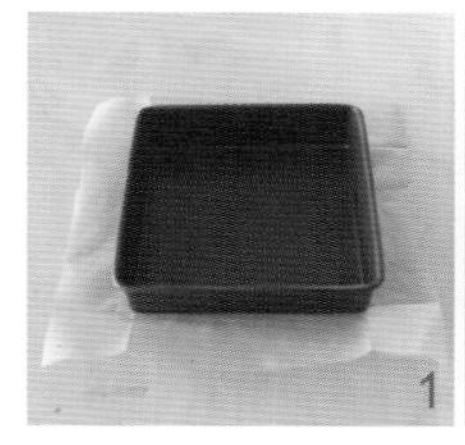

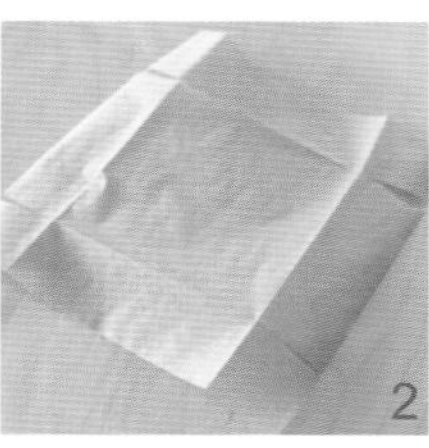

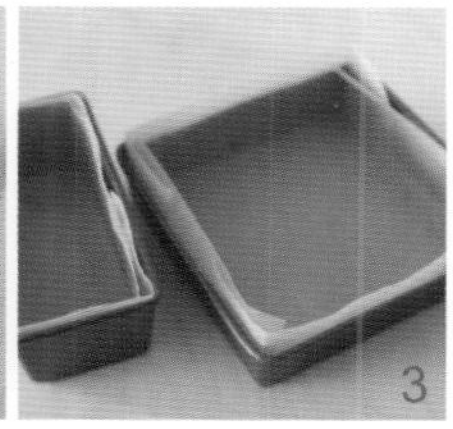

圆模的油纸铺法

1．把模具放在油纸上，紧贴模具绕一周画出模底面圆形。

2．把油纸折成扇形，对准模具底中心点，剪除半径约为模具底圆大小的圆。

3．把圆模具的侧面都包上，并高出模具2～3cm左右，把底端的油纸折叠1cm，包成圆形，剪斜线，使其自然贴在模具底面。

4．先把用来在侧面系制品的绳放入模具内，边缝用剩下的面胚固定后，放入圆形制品。

方形烤盘的油纸铺法

油纸的高度稍高于模具，铺法和方模相同，但铺稍扁的模具时，可在四角剪45度角的斜线，并折叠，这样更方便装盘。

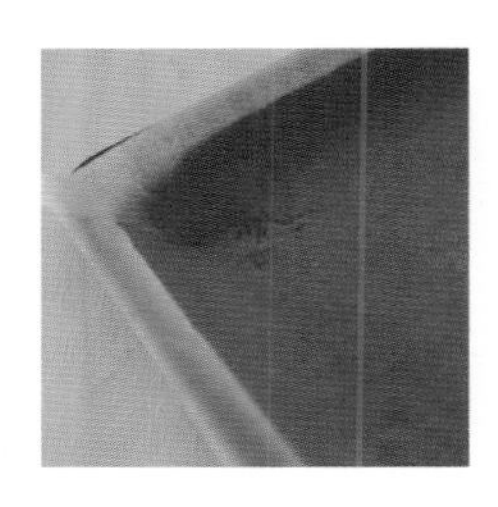

书中参考数字

烘焙难易度

★初级

★★中级

★★★高级

★

15～20 分钟

放入烤箱中的时间

烤箱的型号和特点不同，火的大小也会稍有区别，所以要选择适合家庭烘焙参数的烤箱。

170℃

预热温度

提前 5～10 分钟打开烤箱电源开关，调到指定温度加热。

食材（10 个）

低筋粉……………………140g
甜南瓜……………………210g
盐…………………………2g
巧克力（装饰用）…………少许
植物油……………………10g

制作的食材和用量

1. 液体通常用 g 做计量单位，量多少用量匙计量，量大时用杯计量，一杯为 200g 或 200ml。

2. 鸡蛋用个数表示，以一个 60g 鸡蛋为标准（蛋白：蛋黄：蛋壳 =6 ：3 ：1，即一个鸡蛋 60g，蛋白大约 36g，蛋黄大约 18g）。

准备

(1) 请正确计量

烘焙的食材分量稍有不同，就会对制品有显著影响，所以一定要用厨房秤对食材进行精确计量。

(2) 黄油、鸡蛋等食材应提前置于室温

除了制作派和戚风蛋糕，通常需把食材常温化，放在冰箱中冷藏的黄油或鸡蛋等食材需于烘焙前 30 ～ 60 分钟置于室温。

(3) 粉状食材需过筛

家庭烘焙时，一定要把粉状食材过筛待用，这样在与其他食材搅拌时，就不易结块。

(4) 烤箱必须预热

烤面包、曲奇及蛋糕时，提前 5 ～ 10 分钟将烤箱充分预热很重要，切记。

(5) 预先了解家中所用烤箱的实际温度

即使是同等温度，烤箱的型号品牌不同，热度也会不同，同一品牌也通常不同，不要按显示屏幕上指示的温度烘烤，以实际为准，按家中的烤箱的实际温度对烘烤时长稍微进行调整。可用烤箱温度计测量实际温度。

Part 1

很多朋友有不吃早餐的习惯吧？试着来挑战一下美爱的家庭烘焙方法吧。虽然比去商店里买麻烦点，但为了我们所爱的家人，一起来动手来做健康美食吧。面包的制作没有想象得那么难，学会并熟练了基本操作、和面和一次发酵，就可以做出各种美味的面包啦。如果经常吃面包，可以用面包机进行和面和一次发酵，非常简便。本书也介绍了面包机的使用方法，并收录了只要再和一种胚料，就可以做出各种样式的面包的独家制法。从制作健康面包开始，和美爱一起开始享受烘焙的美妙时光吧！

健康面包

制作面包的基本方法

制作面包面胚

用手和面 和面——一次发酵——下剂——成形——中间发酵

很多人因为害怕和面而不会做面包。用面包机虽然方便，但用手和一会，面团开始变软，把这种感觉传到双手时，心情很愉悦，来尝试一下吧。

1. 在大碗中放入面粉，再分别放入盐、糖、即发酵母粉。

2. 把盐、糖、即发酵母粉分别与面粉调和，直至好像形成了一层面粉涂层。

3. 在面粉中间挖一个小坑，放入牛奶和鸡蛋，并搅拌。

4. 不同季节和面时需加水量会略有变化，需根据面团黏合情况适当增减水量。

5. 用刮刀拌匀。

6. 直至面粉和水充分混合。

7. 开始用手揉面。

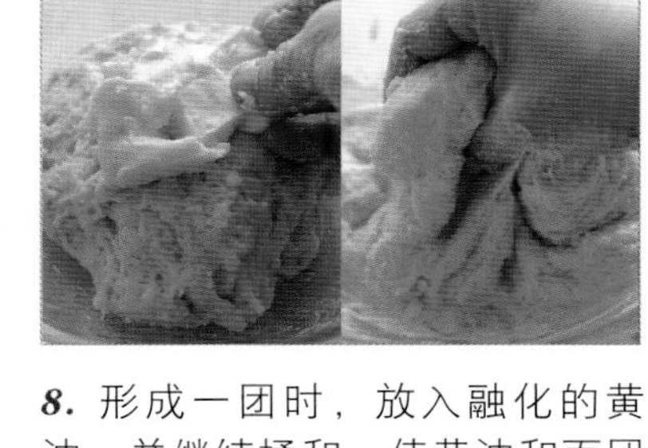

8. 形成一团时，放入融化的黄油，并继续揉和，使黄油和面团充分融合。

9. 把沾在碗边缘的面用刮板刮入面团内。

10. 如黄油和面团充分调和，便可把面团取出，放在案板上。

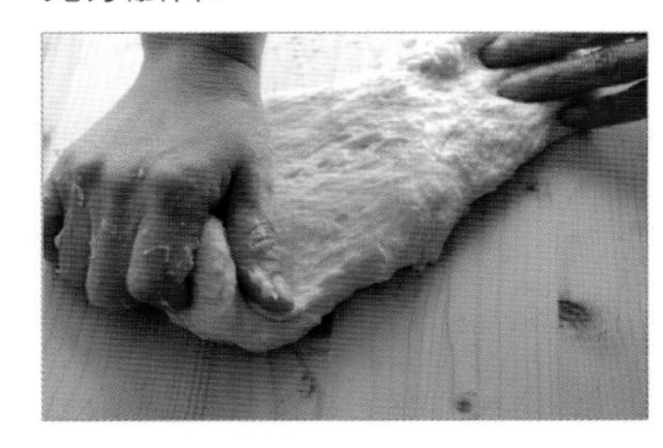

11. 开始搓揉和面，像洗衣服一样，把面团搓长。

12. 再反复折叠。

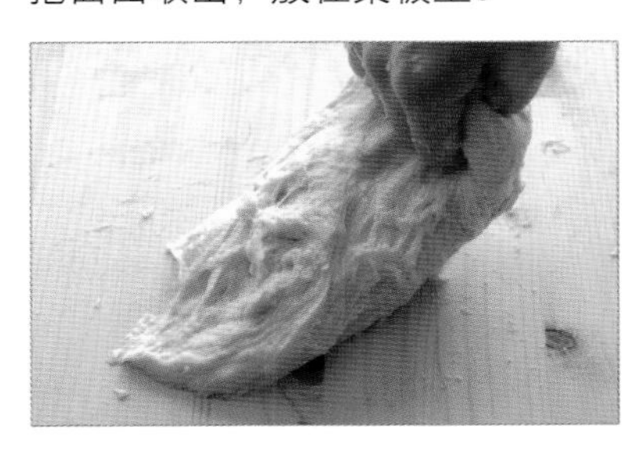

13. 转90度，摔在案板上。

14. 再折成一半，如此反复操作15分钟。

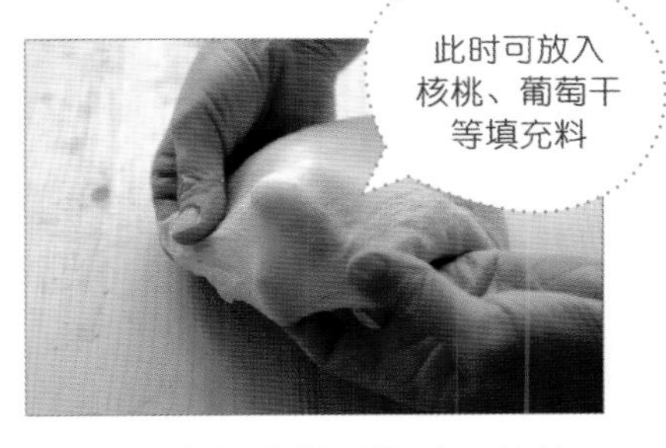

15. 面胚变得光滑柔软时，拉伸，不断裂说明面已和好。

16. 把面团揉成圆形，并使其表面光滑，覆上保鲜膜，第一次发酵使其体积增至原来的2～2.5倍。

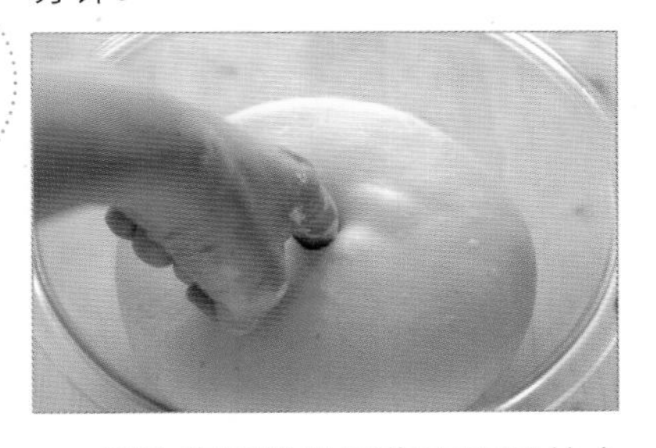

17. 用沾有面粉的手指在面团的中间插入，拿出后，若小孔缓慢弹回，说明已充分发酵。

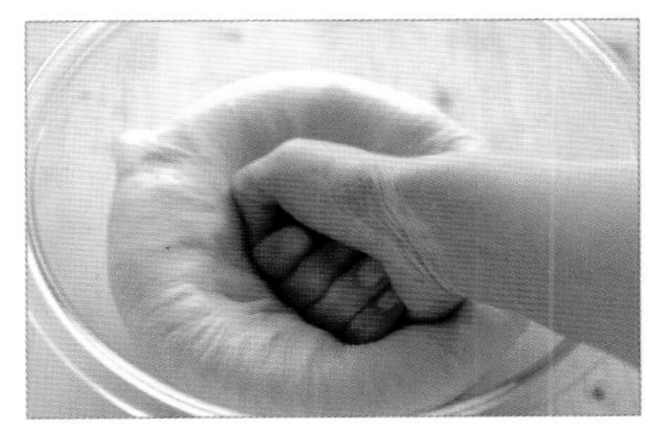

18. 在面团上轻轻敲打，除去里面的气体。

19. 把面团分成几块。

20. 把分成的小块儿揉成圆形，并使表面光滑。

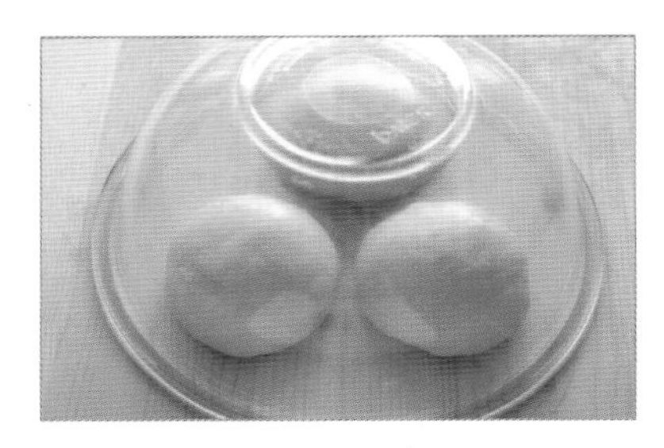

21. 为防止面团表面变干，可用保鲜膜或碗罩上，进行10～20分钟的中间发酵，充分发酵后，便可揉成需要的形状了。

用面包机发酵

面包机的流程只有一种，但因面包种类不同，面团的揉和方法也不同，所以这是面包机的一个不足之处。如制作需缩短时间的长棍面包，可在和面中途按取消按钮，缩短时间；如制作必须长时间揉和的面胚，则可再按一遍按钮，重复一次和面流程。

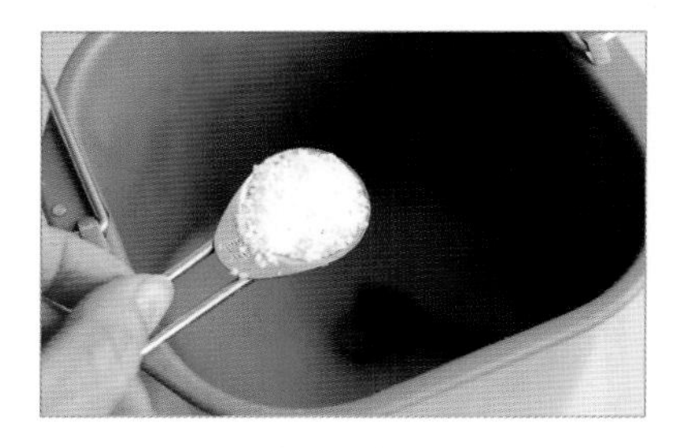

1. 在面包机内，放入水、牛奶、鸡蛋、植物油、蜂蜜、糖稀等液体，再放入盐。

2. 放入面粉和奶粉等粉料，挖两个坑，分别放入即发酵母粉和砂糖，互不混入。

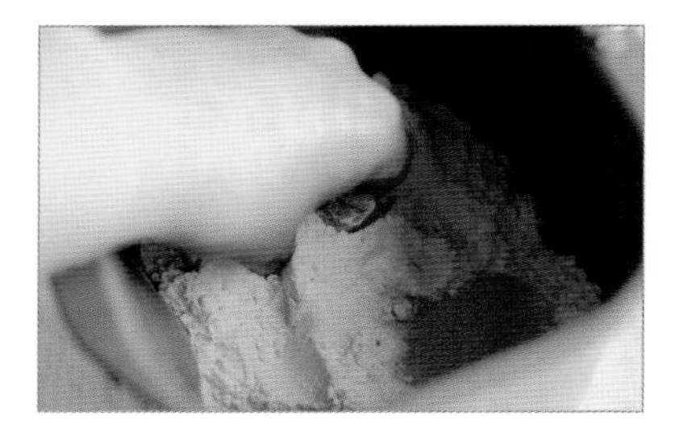

3. 即发酵母粉和砂糖分别和面掺和后，按开始按钮。

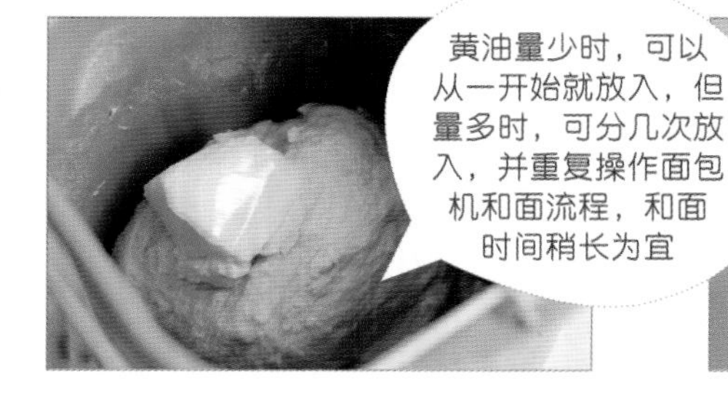

4. 五分钟后，面包桶的边缘没有胚料时，在面包桶的中间放入柔软的黄油。

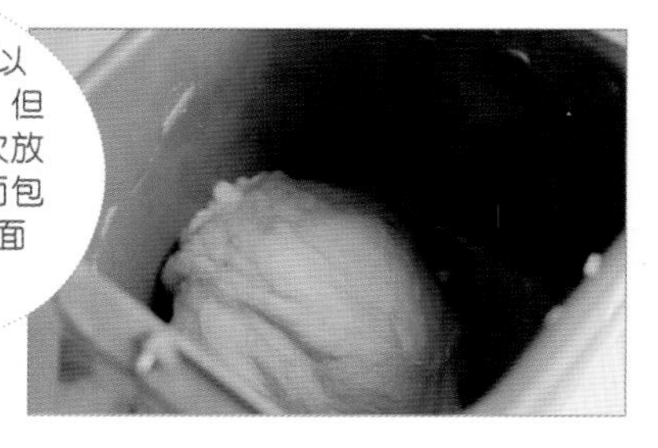

5. 各品牌的面包机会有不同，15分钟的和面过程结束后，可静置面胚，然后再重复和面过程。

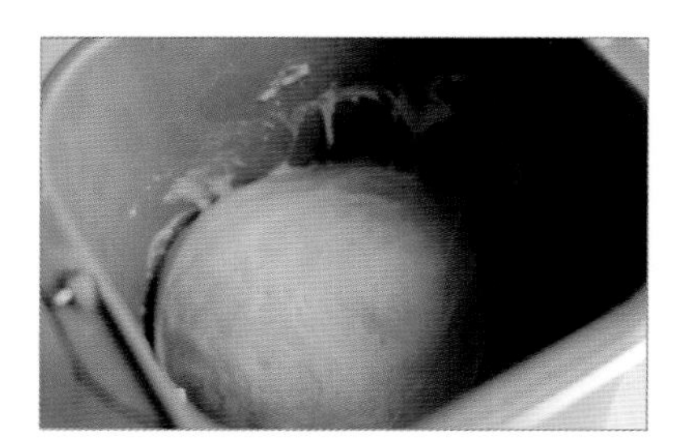

6. 和面结束音响起之前，因机器处于启动状态，面胚里面的气体未排出，所以和面结束后，面胚体积不会发起至原来的两倍。

多种发酵方法

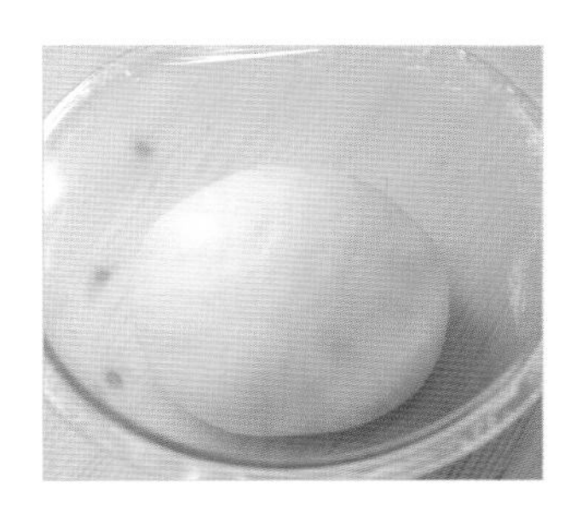

（1）室温发酵

1. 面团揉成圆形，覆上保鲜膜。

2. 置于背阴温暖处，使其发酵体积为原来的2倍。

3. 气温高的夏季，置于室内即可。

（2）隔水加热发酵

把盛有面团的碗覆上保鲜膜，放在装有40℃的热水的另外一个碗上，像隔水加热一样使其发酵。使用这种发酵法需注意：若水温太高，酵母会失去活性，所以必须用温水。发酵过程中，为保持水温恒定，水温下降时需随时加入热水。

（3）利用烤箱发酵

把盛有面团的碗 覆上保鲜膜，使用烤箱发酵。烤箱虽没有发酵功能，但可把烤箱调到40℃预热，待烤箱内温度上升，手放进去时感觉到有暖气时，把温度按钮关掉，放入盛面团的碗，看好时间即可。

（4）泡沫盒发酵

在宽大的泡沫盒内，摆一个盛有热水的碗，旁边放盛有面团的碗，罩上盖，使其发酵至原体积的2倍，热水可为泡沫盒提供适宜的温度和湿度，是一种在家里也很方便的发酵方法。

奶油酥粒的制作

食材 | 中筋粉125g、奶粉4g、泡打粉2g、黄油60g、花生油20g、细砂糖75g、盐1g

1. 把室温下软化的黄油和花生油用搅蛋器搅打调和，再分3～4次放入细砂糖，搅打至呈乳状。
2. 加入过筛的面粉、泡打粉、奶粉。
3. 像剪开一样切拌。
4. 双手搓3的混合物，直至成大小适宜的奶油酥粒。

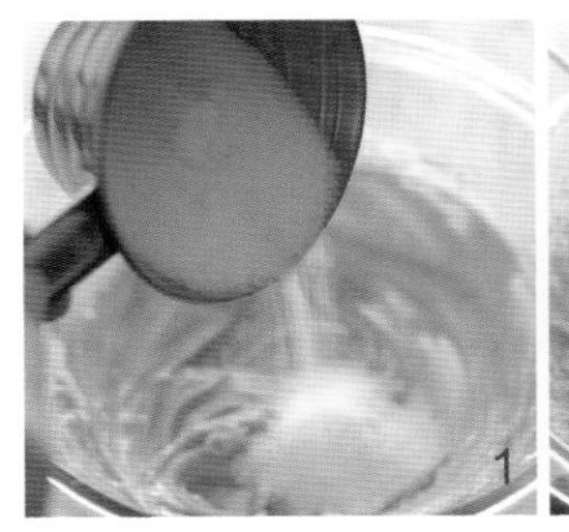

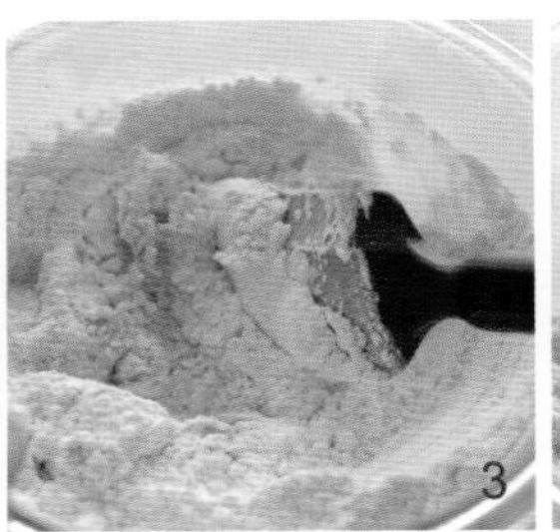

Q. 怎样保存即发酵母粉？

A. 即发酵母粉尽量不要和空气接触，密封冷藏保存。使用过的即发酵母粉，久置于常温下，会失去发酵性能。长久不用的即发酵母粉，可溶于少量水，放入酵母 1/10 量的细砂糖，待发泡后即可使用。

Q. 同种方法制成的面胚，为什么感觉稠度不同呢？

A. 虽然与做法中标示的水量相同，但因周围环境空气湿度不同，所以需稍微增减加水量。比如冬天空气干燥，要多加些水为宜，相反，夏季高温潮湿，空气湿度大，要少加些水。增减量大约为所标示加水量的 10%。

并且，需注意的是：不同的揉和方法会对面胚有影响。面胚全部暴露于空气中的手和面团，搅拌机或有盖子的面包机和的面团，因水分蒸发面积不同，和出的面团也会略有差别。

Q. 按标示的时间发酵，但面团发酵不充分，怎么办？

A. 如面团发酵不充分，首先应检查所加发酵粉的状态及是否适量。如果问题不在发酵粉，室内温度和面团的温度也会对发酵时间有影响。一次发酵的适宜温度为 28℃～30℃，二次发酵适宜温度大约为 38℃，所以室温不同发酵时间会延长或缩短，发酵时间和发酵温度成反比例，夏天用冷水，冬天用热水，调节温度有助于准确把握发酵时间。

Q. 制作长棍面包时一定要划刀口么？

A. 为了防止在烤箱内烘烤时，表面有不平整突起，所以一定要划刀口，划刀口时，把刀倾斜，一次性快速斜划痕，呈斜线。

Q. 烤箱小，面胚不能一次全部放进烤箱时，怎么办？

A. 烤箱小，面胚不能一次全部放入时，后烤的胚料会过度发酵。两个烤盘中，准备先烤的烤盘放在烤箱中发酵，后烤的放在常温下发酵，这样就错开了发酵时间。小面包烘烤所需时间短，推荐此法，但需注意，如在夏季，烤制大面包时，烘烤时间会较长，后烘烤的面胚容易过度发酵，这种情况下，最好置于冰箱中，延缓发酵，并且为防止面胚变干，需覆上保鲜膜或用碗罩上。

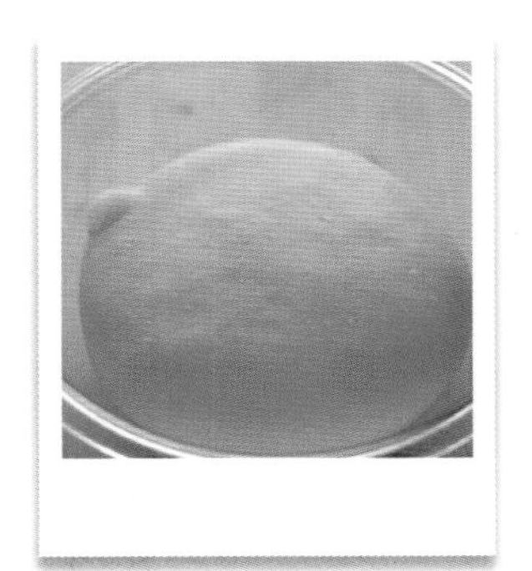

Q. 烤出的面包有发酵粉味，为什么？

A. 先确认发酵粉的用量是否精确，发酵温度过高或时间过长而导致过度发酵，制品都会有发酵粉味。

Q. 家中没有奶粉，是否有可代替的食材？

A. 减少掺水量，多加些牛奶。

Q. 松软的面包，久置会变硬，这是为什么？怎么办？

A. 此种情况有三种原因。

第一、水分少，面团太干，制作时尽量少加些铺面。

第二、面和得不充分。和好的面团用双手伸拉时，会柔软而有韧性，如断开，说明和得不充分，还需继续揉和。

第三、低温条件下，烘烤太久也容易变硬。按面包的种类和大小，有短时间高温烘烤的，也有长时间低温烘烤的。正确把握家里烤箱的温度，注意不要在低温下烤太久。

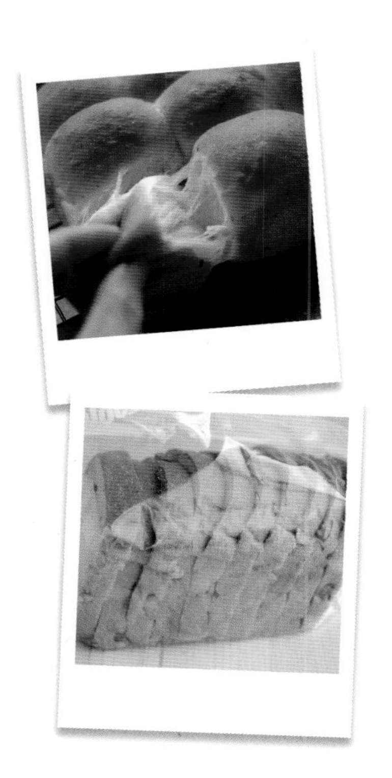

Q. 面包怎样保存？

A. 刚出炉的面包移至冷却网架，仅剩一点余温时，装入密闭容器或保鲜袋，置于常温下可保存2～3天，如短时间内不食用，相比于冷藏室，放在冷冻室保存更佳，冷藏室反而会加快面包的变质速度。置于冷冻室的面包食用之前，可先在烤箱中稍微烤一下。

原味百吉饼

一提到百吉饼，就会想到时尚的纽约人，把百吉饼切成两半，稍微烤一下，抹上奶油奶酪，或中间填入多种食材，做成三明治，也别具风味。

180℃ 15分钟 ★★

食材：

高筋粉 300g　　细砂糖 20g
即发酵母粉 4g　　黄油 12g
盐 6g　　水 150g

⊙焯面用水

水2L　　细砂糖 50g

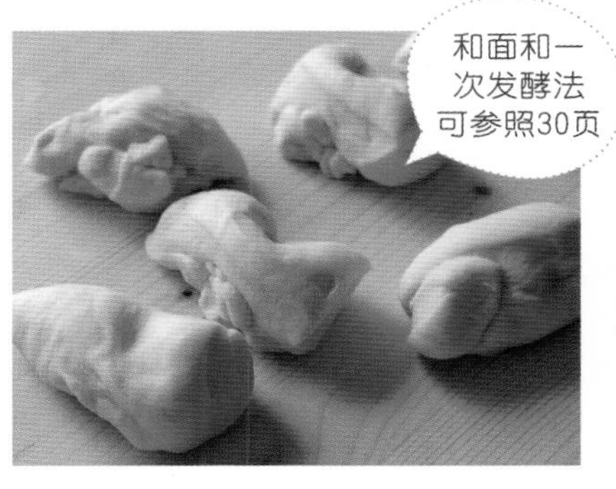

1 面胚一次发酵完了后，6等分。

2 揉成圆形后，便开始整形。

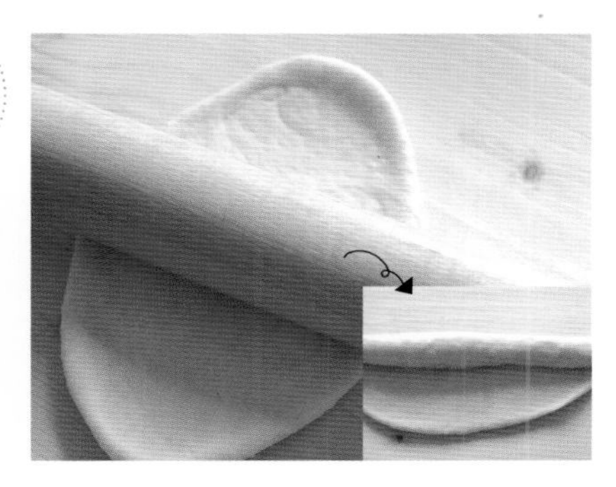

3 先擀成椭圆形面皮，再以面皮较宽的方向为轴，横向卷起来。

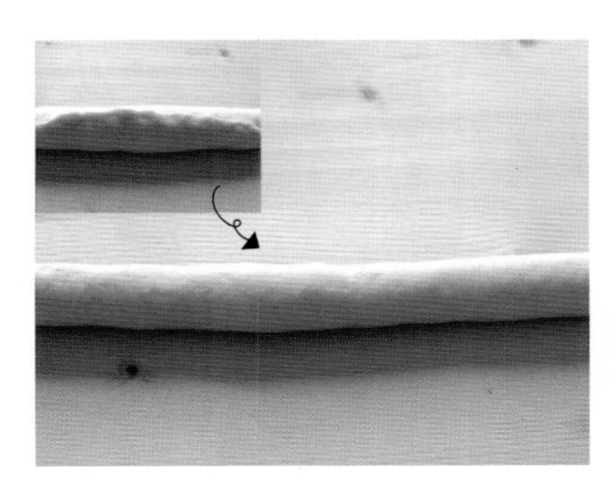

4 收口处必须紧和，以免裂开。

5 将一端擀薄一些，把另一端包住，并把两端捏和在一起。

6 把面胚置于硅油纸上，二次发酵30分钟。

7 沸水中放入细砂糖，将发酵好的面胚置入锅中，两面各煮30秒，即可捞起沥干。

8 立即把焯好的面胚移至烤盘，稍微除去水分。

9 在180℃预热的烤箱中烘烤15分钟。

无核小葡萄干百吉饼

原味百吉饼中加入无核小葡萄干，用葡萄干、蓝莓、核桃等填充物，可制作多种超出想象的美味百吉饼。

180℃ 15分钟 ★★

高筋粉 300g　　黄油 12g
即发酵母粉 4g　　水 150g
盐 6g　　细砂糖 20g
无核小葡萄干 50g

水2L　　细砂糖 50g

1 把无核小葡萄干浸泡在朗姆酒中，在面团即将揉好时，掺入沥干的无核小葡萄干。

2 一次发酵结束后，面团7等分，揉成圆形，并使表面光滑，不进行中间发酵。

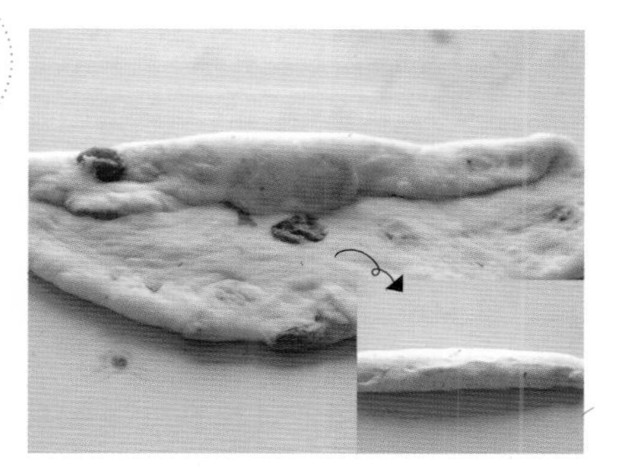

3 擀成椭圆形面皮，把面皮一边卷起，同时将面皮慢慢捏合，使面团紧密地卷起，长25cm左右。

4 将一端擀薄一些。

5 把较厚的另一端包住，将两端结合成为粗细均等的圆圈状。

6 把面胚置于硅油纸上。

7 二次发酵30分钟。

8 沸水中放入细砂糖，将发酵好的面胚置入锅中，两面各煮30秒即可。

9 捞起沥干后，立即移至烤盘，在180℃预热的烤箱中烤15分钟。

奶油面包

忙碌的早晨，孩子们喜欢用面包代替早餐，所以为了我们的宝贝儿们，家里要常备些面包。把松软的奶油面包烤松脆，夹入煎鸡蛋或培根，有营养而丰盛的早餐就做好了。

170℃ 35分钟 ★★

食材：（450g面包模1个）

高筋粉 300g
盐 6g
细砂糖 12g
糖稀 25g
即发酵母粉 5g
黄油 12g
淡奶油 50g
鸡蛋 1个
牛奶 120g

1 面团一次发酵结束后，面团2等分。

2 揉成圆形，用保鲜膜或碗罩上，进行中间发酵20分钟。

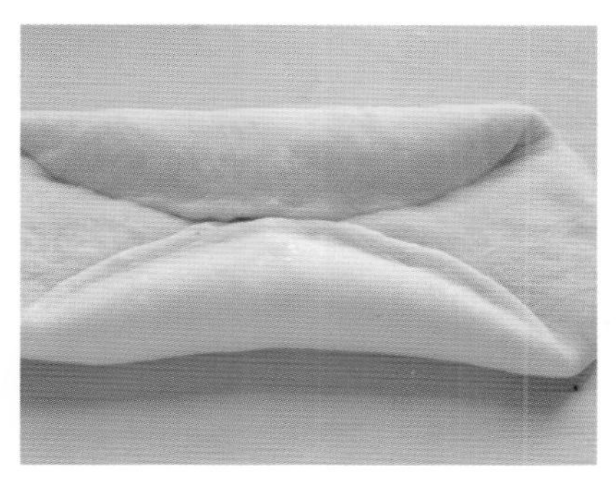

3 擀成22×15cm的椭圆形，把两边对折。

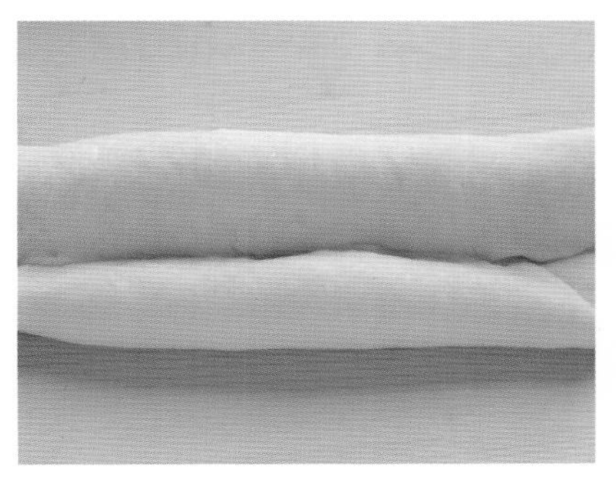

4 在3的基础上，再边对折、边卷1/3，使下部分面层几乎要被卷入上部面层里面。

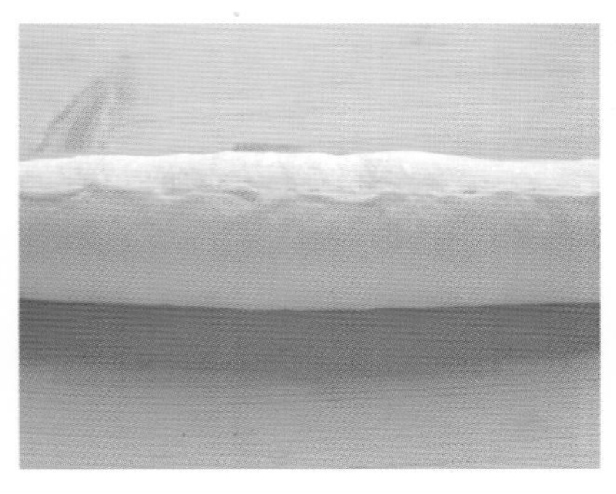

5 捏和在一起，以免面层散开。

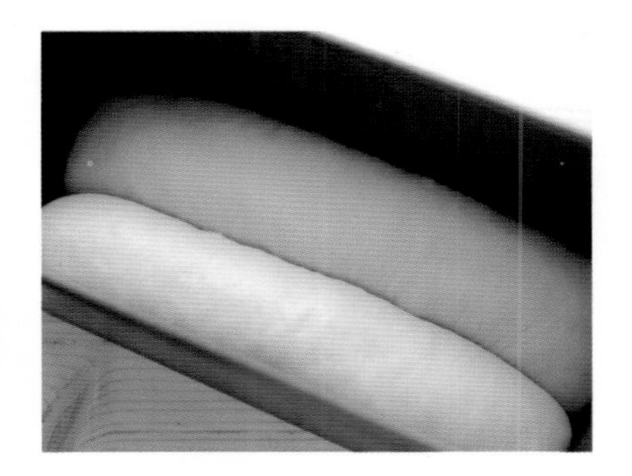

6 把卷好的两个面团并排放在面包模子中。

7 二次发酵40分钟，使面层正好发酵到模子上部。

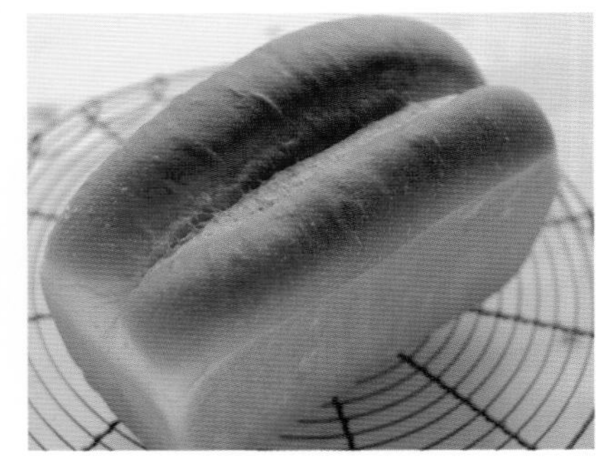

8 放入预热温度为170℃的烤箱，烘烤35分钟。

170℃ 30分钟 ★★

食材：（450g面包模1个）

高筋粉 300g	黄油 12g
即发酵母粉 5g	淡奶油 50g
盐 6g	鸡蛋 1个
细砂糖 15g	牛奶 120g
糖稀 25g	

◎可可粉面胚

可可粉 10g	牛奶 15g

※把可可粉放入温牛奶中，调匀待用

棋格奶油面包

吃腻了原味面包时，用两种面胚，来制作棋格奶油面包吧，用抹茶粉代替可可粉，加在面团里，可制作出绿色的棋格奶油面包。

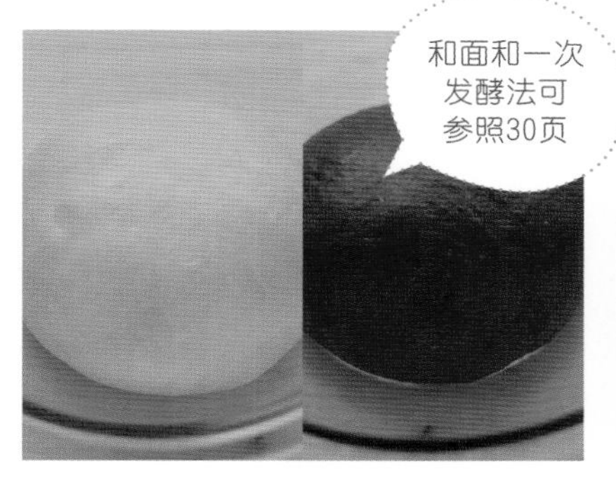

1 把除了可可粉和牛奶的其他粉料和成胚料。分成两份，其中一份掺入调好的可可粉和牛奶的混合液，掺和均匀，分别揉和两份面团。

2 把两种面团分别放入2个碗中，覆上保鲜膜，进行一次发酵50分钟，使体积变为原来的2倍。

3 发酵完了，把两种面团各6等分，共分成12份。

4 揉成圆形，中间发酵15分钟。

5 为防止水分蒸发，发酵时覆上保鲜膜或碗。

6 中间发酵后，再重新揉成圆形，并排掉面团中气体，在长面包模中交替摆上两种颜色的面团。

7 二次发酵50分钟，体积增至距模边缘以下1cm。

8 盖上面包模盖。

9 入预热温度为170℃的烤箱，烘烤30分钟。

南瓜面包

天气转暖的春季，来制作连翘花一样嫩黄色的南瓜面包吧。在挑选富含膳食纤维的南瓜时，色深味甜的为宜。营养丰富的南瓜面包是人人喜爱的健康美食。

180℃ 10分钟
↓
170℃ 20分钟

★★

食材（450g面包模1个）

高筋粉 300g	鸡蛋 1/2个
即发酵母粉 5g	牛奶 130g
盐 6g	熟南瓜 120g
细砂糖 25g	核桃碎 50g
黄油 25g	葡萄干 50g

1 把南瓜去皮和籽，切成小块，煮熟后，放入搅拌机中，或用勺子压碎。

2 在面胚中放入搅好的南瓜和其他食材，揉和。面胚将和好时，加入核桃和葡萄干，揉成圆形，放入碗中，覆上保鲜膜。

3 进行一次发酵50分钟，使体积变为原来的2倍。

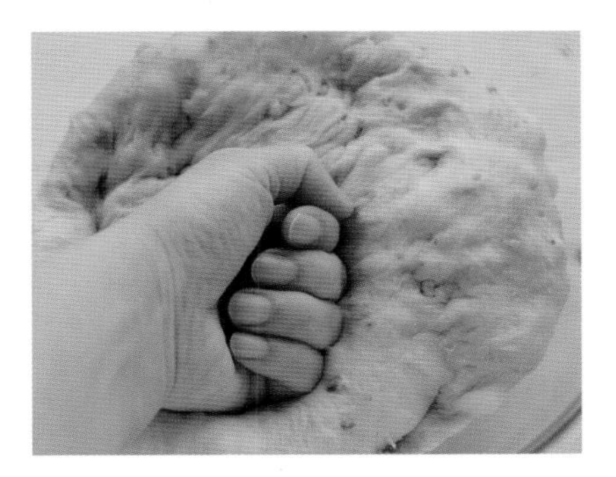

4 发酵结束后，用拳头在面团上轻轻敲打，排气。

5 重新揉成圆形，中间发酵15分。

6 把面团擀成椭圆形，长度参照面包模的长度。

7 边卷边将面皮黏合。

8 置于面包模中，进行二次发酵30分钟。

9 体积增至模上方1～2cm处时，放入预热温度为180℃的烤箱，烘烤10分钟，再把温度调至170℃，烘烤20分钟。

蓝莓面包

面胚中加入搅碎的蓝莓，可以制作淡紫色面包了，不仅营养丰富，颜色也十分诱人的蓝莓面包，是在哪家面包店都买不到的你的专属。

170℃ 35分钟 ★★

食材：（450g面包模1个）

高筋粉 300g
即发酵母粉 6g
盐 6g
细砂糖 25g
黄油 25g
冷冻蓝莓 120g
水 80～90g

1 把冷冻的蓝莓解冻，放到搅拌机中，粗略地磨碎。

2 把磨碎的蓝莓、水和其他食材全部混在一起，搓揉成团。

3 放入碗中，覆上保鲜膜，进行一次发酵50分钟，使体积变为原来的2倍。

4 发酵结束后，轻轻打一下，排气，重新揉成圆形，中间发酵15分钟。

5 擀成和面包模大小相仿的长方形面皮。

6 卷起来，捏合。

7 放入面包模。

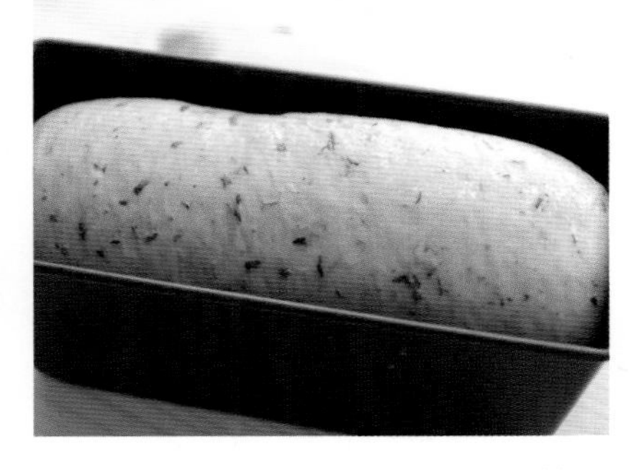

8 进行二次发酵45分钟，使体积增至模具上方1cm处。

9 放入预热温度为170℃的烤箱，烘烤35分钟。

全麦面包

小时候就爱吃松软的面包，随着年龄的增长，开始寻找健康美食。一起来用全麦粉制作全麦面包吧，健康又美味。

170℃ 35分钟 ★★

食材：（450g面包模1个）

高筋粉 150g	细砂糖 25g
全麦粉 150g	黄油 25g
盐 6g	牛奶 140g
即发酵母粉 5g	

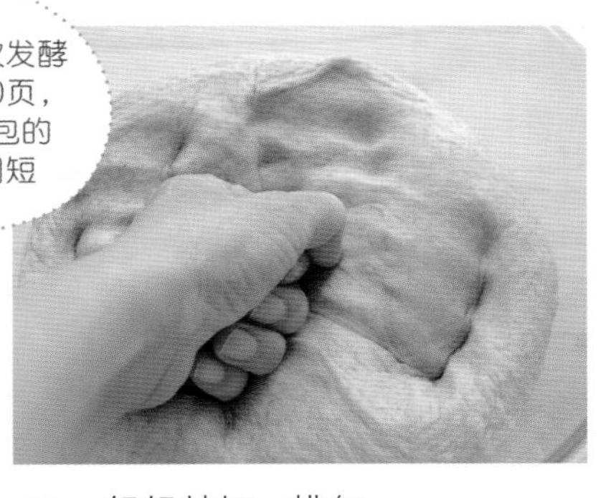

1 面和好后，放入碗中，覆上保鲜膜，进行一次发酵50分钟，使体积变为原来的2倍。

2 轻轻敲打，排气。

3 把面团3等分。

4 揉成圆形，并使表面光滑，覆上保鲜膜或碗，进行20分钟的中间发酵。

5 擀成椭圆形面皮。

6 两边对折并重叠。

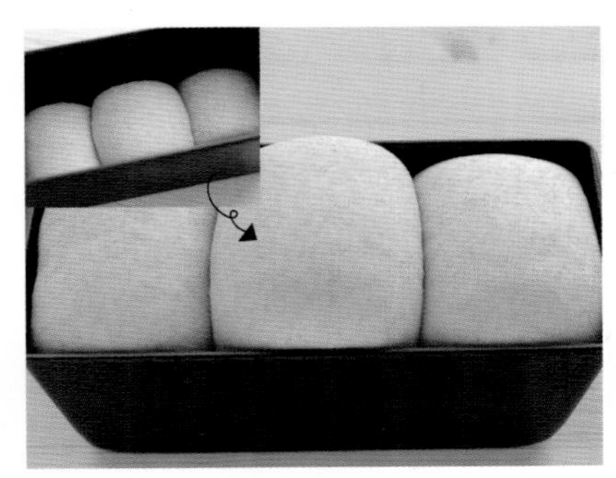

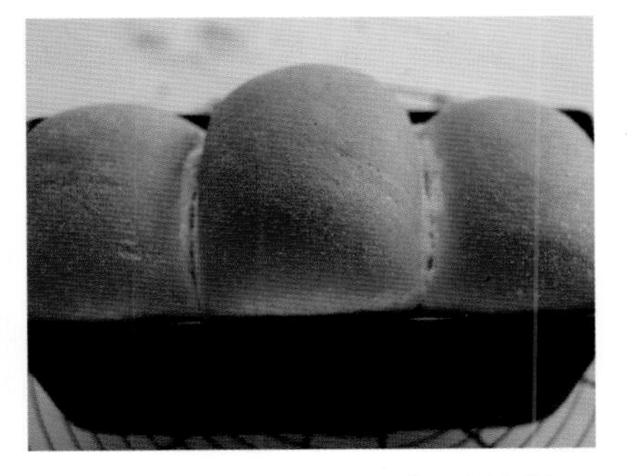

7 紧密卷起，捏合面皮。

8 整齐摆放在面包模中，进行二次发酵至面包模上端1cm。

9 入预热温度为170℃的烤箱，烘烤35分。

核桃面包

多吃核桃对心脏有好处，并能促进大脑发育，核桃富含蛋白质，冬季食用还有御寒的特效。使用前，先烤一下，口感更香，还能除去核桃中的涩味。

200℃ 5～10分钟
↓
180℃ 20分钟

★★

食材：（450g面包模1个）

高筋粉 240g
全麦粉 60g
即发酵母粉 5g
盐 6g
细砂糖 18g
黄油 18g
牛奶 130g
核桃碎 150g

1 一次发酵结束后，用拳头轻轻敲打，排气。

2 揉成圆形，并使表面光滑，覆上保鲜膜或碗，进行15分钟的中间发酵。

3 用手掌把面胚按成椭圆形。

4 卷成与面包模长度相同的圆筒形。

5 捏合，以防裂开。

6 面胚放入面包模内。

7 进行二次发酵40分钟，发酵至面包模上端2cm处。

8 放入预热温度为200℃的烤箱，烘烤5～10分钟，再把温度调至180℃，烘烤20分钟。

牛角面包
基础篇

原味牛角面包

牛角面包层层酥脆，刚出炉时酥脆可口，绝好的口感简直无法用语言形容，久置变软时，可以做成各种别具风味的三明治。

200℃ 5分钟 → 180℃ 6分钟 ★★★

食材：（14个）

高筋粉 280g
低筋粉 120g
即发酵母粉 7g
盐 8g
细砂糖 40g
黄油 20g
鸡蛋 1/2个
水 200g

⊙填充用黄油
黄油 200g
低筋粉 20g

⊙蛋液
蛋黄 1个
水 20g

※食材搅拌均匀，过细筛，待用

填充用黄油制法

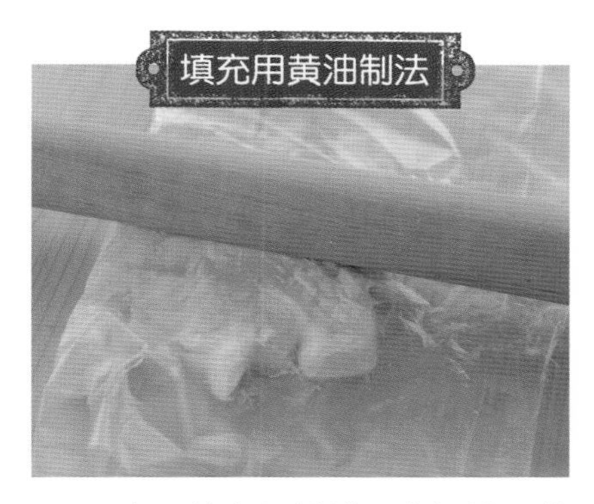

1 上下铺上保鲜膜，中间放入黄油和低筋粉，边用擀面杖擀，边使面粉和黄油混合均匀。

2 面粉和黄油混合均匀后，揉成20×20cm的正方形，覆上保鲜膜，置于冰箱冷藏室。

面包的制作

3 把和面的食材倒入和面机，和7分钟左右，放入碗中，进行一次发酵50分钟。

4 用拳头轻轻打一下，排气，揉成四边形，用保鲜膜包起来，静置2～3小时。

5 用擀面杖将面皮擀成可以把黄油包上的大小。

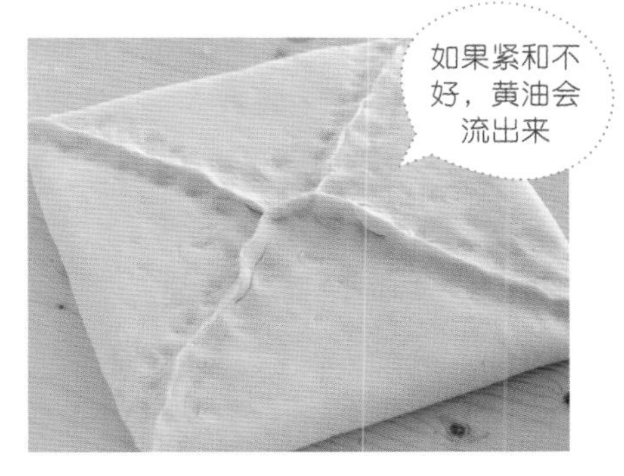

6 用面皮把黄油包起来，收边处一定仔细紧和。

7 案板上多撒些铺面，顺一个方向擀成长度为60cm的面皮。

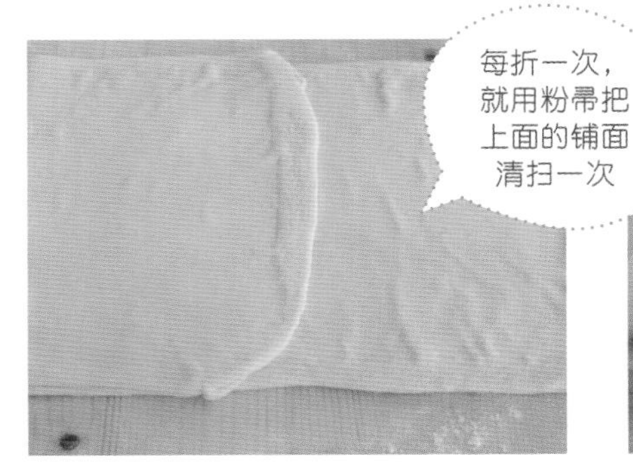

8 面皮的两边各折叠1/3。

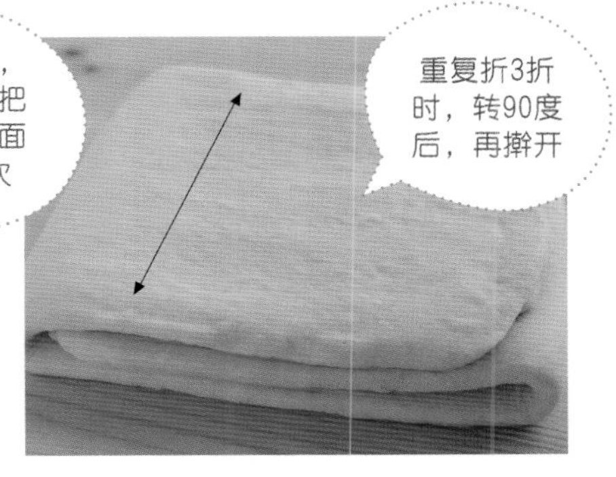

9 把7中擀的面皮转90度，重复7、8 操作。

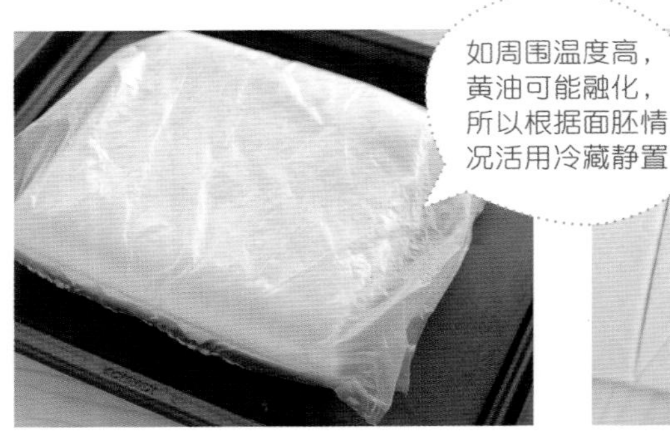

10 重复两次9的操作后，把面团装入保鲜袋，静置40分钟。

11 把面胚擀成边长45cm的正方形薄片，切成底边9cm、高21cm的等腰三角形。

12 在三角形底边的中心处，切1cm长的刀口，向两侧分开，向上卷起，呈新月状。

13 整形后，装入烤盘。

14 为防止面团水分蒸发变干，发酵时覆上保鲜膜或碗，进行1小时的二次发酵。

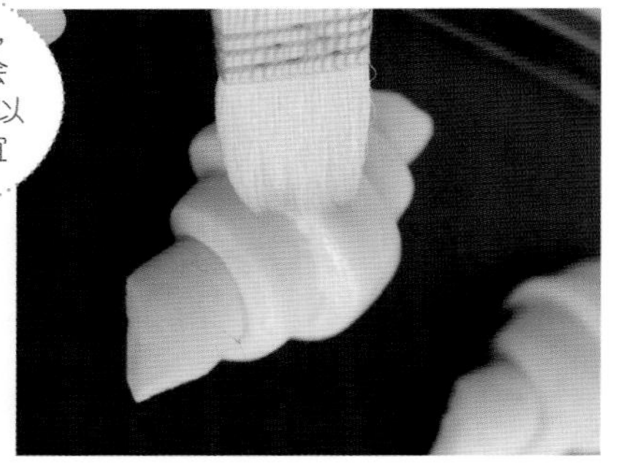

15 发酵结束，轻抹蛋液。

16 放入预热温度为200℃的烤箱，烘烤5分钟，待着色后，把温度调至180℃，继续烘烤6分钟。

巧克力
雪花酥面包

用制作牛角面包剩下的面胚，来做巧克力雪花酥面包吧，加入巧克力就可以变成另一种美食了。

180℃ 5分钟
↓
170℃ 6分钟

★★★

食材：

制作牛角面包剩下的面胚
市面上的大板巧克力适量

1 把面层擀开，切成7×11cm的长方形后，在距边缘2cm处放上巧克力，卷起，收边处抹水紧和。

2 收边处朝下，置于烤盘中，二次发酵40分钟。

3 面胚表面抹蛋液，放入预热温度为180℃的烤箱，烘烤5分钟，待着色后，把温度调至170℃，继续烘烤6分钟。

原味司康饼

作为英国的传统点心，司康饼的特点是口味清淡，刚出炉，热气腾腾时，抹上果酱或黄油，美味可口。制作司康饼的关键是所有食材和工具必须是凉的。

180℃ 25分钟 ★★

食材：（8个）

低筋粉 220g	黄油 100g
泡打粉 10g	鸡蛋 1个
盐 1g	牛奶 30g
细砂糖 50g	淡奶油 15g

⊙蛋液

蛋黄 1个	水 20g

1 把低筋粉、细砂糖、盐和泡打粉过筛，冷黄油切成玉米粒大小，和过筛粉料一起放在搅拌机中，搅成松软的粉状。

2 把1放到大碗中，掺入冷的鸡蛋、淡奶油、牛奶，拌匀。

3 用刮板立着切拌。

4 直到看不见面粉。

5 用保鲜膜包上，反复用手掌搓揉折叠，直到看不见面粉并且面团表面光滑，装入保鲜袋，静置发酵一小时以上。

6 适量撒些铺面，把面胚置于案板，边擀开边360度转动，直至擀成2cm厚的圆形面皮。

7 把面皮8等分。

8 移至烤盘，表面抹匀蛋液。

9 放入预热温度为180℃的烤箱，烘烤25分钟至着色。

蓝莓司康饼

蓝莓可缓解视觉疲劳并富含保护眼睛的花青素，把蓝莓整个放入而制成的司康饼，不仅色泽诱人，作为午后甜点，再泡一杯红茶，更别具风味。

180℃ 25分钟 ★★

食材：（10个）

低筋粉 220g
泡打粉 10g
盐 1g
细砂糖 50g
冷黄油 100g
鸡蛋 1个
牛奶 30g
淡奶油 15g
冷冻蓝莓 80g

⊙蛋液
蛋黄 1个
水 20g

1 把低筋粉、泡打粉过筛，与细砂糖、盐拌在一起，冷黄油切成小块，一起放在搅拌机中，搅成松软的粉状。

2 把1放到大碗中，掺入提前搅拌好的鸡蛋、淡奶油、牛奶。

3 用刮板立着切拌。

4 直到看不见面粉，移至一张大的保鲜膜上。

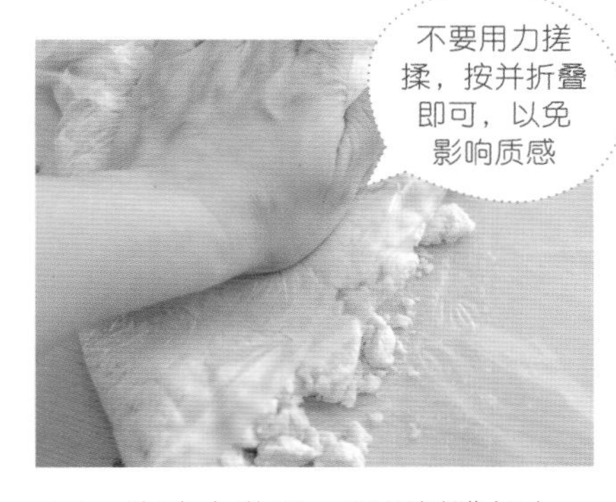

5 为防止黏手，用保鲜膜包上，反复用手掌搓揉折叠，直到看不见面粉并且面团表面光滑，装入保鲜袋，静置一小时。

6 擀成椭圆形面皮，摆上冷冻蓝莓。

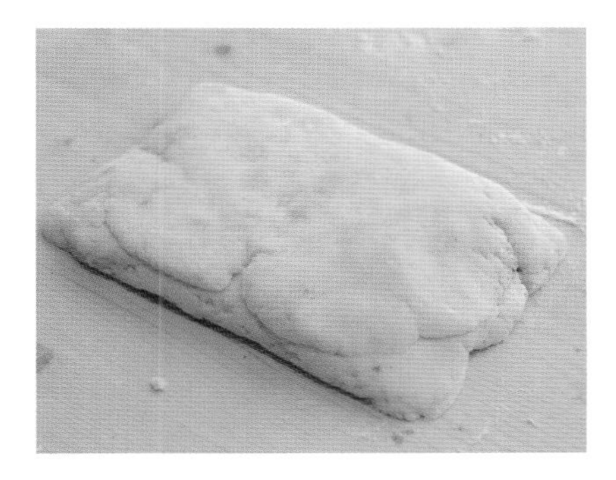

7 把两边各折1/3，蓝莓分布均匀后，擀成2cm厚的面皮。

8 切成大小适中的三角形，移至烤盘，表面抹匀蛋液。

9 放入预热温度为180℃的烤箱，烘烤25分钟至着色。

司康饼
应用篇 2

抹茶司康饼

在司康饼的基础上，放入抹茶，可口的抹茶司康饼就做好了，有时想吃含很多奶油的司康饼，做起来也很方便，经常烤。一起来分享风味独特的抹茶司康饼吧。

180℃ 25分钟 ★★

食材：（10个）

低筋粉 210g	冷黄油 100g
抹茶粉 10g	鸡蛋 1个
泡打粉 10g	牛奶 30g
盐 1g	淡奶油 15g
细砂糖 50g	杏仁片（或核桃）100g

1 把低筋粉、抹茶粉和泡打粉、细砂糖、盐放入碗中，切成玉米粒大小的冷黄油，用刮板立着切拌，搅成如糖粉奶油细末状的松软粉状料。

2 掺入冷的鸡蛋、淡奶油、牛奶。

3 用刮板立着切拌。

4 直到看不见干面粉，移至保鲜膜上。

5 放入杏仁片，反复用手掌搓揉折叠，使面团表面光滑。

6 和成面团后，装入保鲜袋，静置一小时以上。

7 擀成2cm厚的圆形面皮，切成大小适中的小块。

8 移至烤盘，表面抹匀蛋液。

9 放入预热温度为180℃的烤箱，烘烤25分钟。

蔬菜早餐面包

放入几种切碎的蔬菜，做成可爱的圆形面包，散发出独有的蔬菜香气，经常做，不爱吃青菜的小朋友也会对蔬菜早餐面包情有独钟的。

180℃ 10～12分钟 ★★

食材：（12个）

高筋粉 200g
即发酵母粉 4g
盐 4g
细砂糖 25g
黄油 30g
鸡蛋 1个
牛奶 30g

⊙填充用食材

洋葱 50g
甜椒 30g
胡萝卜 20g
培根 15g

※把填充用食材全部切成碎末儿（5mm大小）

⊙蛋液

蛋黄 1个
水 20g

1 把切碎的食材，和所有食材放到和面机中。

2 和好面团后，揉成圆形，置于碗中。

3 进行一次发酵50分钟，使体积变为原来的2倍。

4 轻轻用拳头敲打，排气。

5 把面团12等分。

6 揉成圆形，覆上保鲜膜或碗，进行15分钟的中间发酵。

7 再次揉成圆形，移至烤盘，进行40分钟的二次发酵。

8 发酵结束后，在表面均匀涂抹蛋液。

9 入预热温度为180℃的烤箱，烘烤10～12分钟。

180℃ 预热
↓
160℃ 10分钟→150℃ 10分钟

★★

食材：（8寸方模或圆模1个）

高筋粉 160g	盐 4g
低筋粉 40g	黄油 30g
即发酵母粉 3g	鸡蛋 1个
细砂糖 10g	牛奶 80g
糖稀 20g	圆棒奶酪 60个

海地圆棒奶酪面包

动画片《阿尔卑斯的少女》开演时，我总是一动不动地坐在电视机前。女主角海地想起了牙口不好的奶奶，做了白色的奶油面包。你想和海地一起来分享松软可口的雪白圆棒奶酪面包吗？

1 一次发酵结束后，9等分。

2 揉成圆形，覆上保鲜膜或碗，进行15分钟的中间发酵。

3 把每个面剂用手轻轻按扁后，摆放6～7个圆棒奶酪。

4 包上，捏合。

5 以一定间距摆放在方形模中，进行40分钟的二次发酵。

6 发酵结束后，撒些高筋粉。

7 放入预热温度为180℃的烤箱，立即把温度调至160℃，继续烘烤10分钟，再覆上烘烤锡纸，把温度调至150℃，烘烤10分钟。

Special Tip

置于圆形模中烘烤，可烤制出鼓起的面包。

原味长棍面包

阳光明媚的日子，悠闲地骑着自行车，从车筐支出来的长棍面包，这是儿时印在脑海中的关于长棍面包的画面。把刚出炉的长棍面包贴在耳边，听到脆皮裂开的声响了吗？

Tip

像长棍面包之类切有刀口的面包，最好用筷子夹住刮胡刀刀片来切刀口。

220℃ 20分钟 ★★★

食材

高筋粉 200g	盐 5g
中筋粉 50g	细砂糖 5g
即发酵母粉 3g	水 160g

1 和好面团后，揉成圆形，置于碗中。

2 覆上保鲜膜，进行一次发酵1小时以上，使体积变为原来的2倍。

3 把面团2等分，揉成圆形，覆上保鲜膜或碗，进行20分钟的中间发酵。

4 用手掌轻按成15cm宽的圆形面皮，两边各对折1/3。

5 再对折，仔细捏紧合好后，搓成25～30cm的长条。

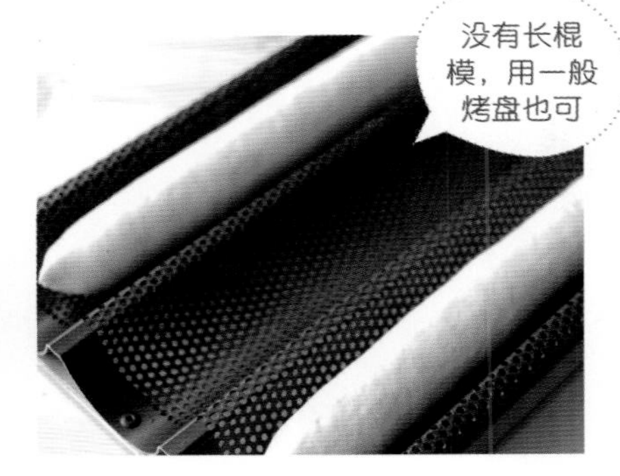

6 放入长棍模中，捏合部分朝下。

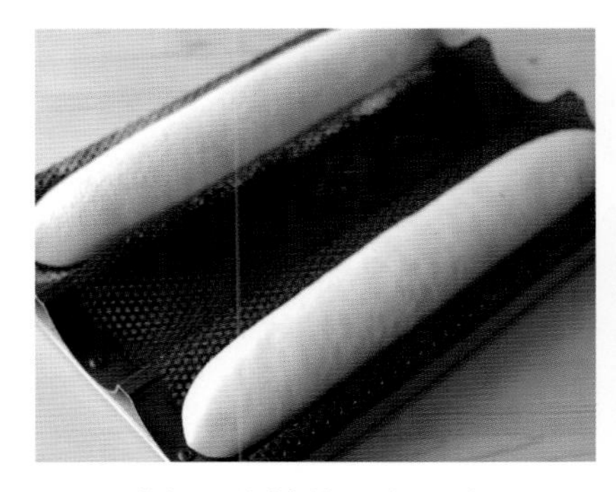

7 进行40分钟的二次发酵。

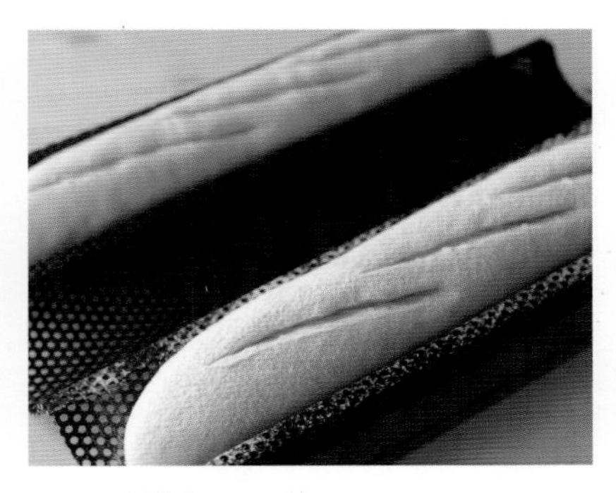

8 斜划刀口3处。

9 把盛有热水的碗一起放入预热温度为220℃的烤箱，烘焙20分钟。

长棍面包
应用篇 1

培根麦穗长棍面包

把面胚剪开，麦穗状摆开，即成特有风情的法式麦穗面包。法式面包独具的清香和培根的美味完美结合，绝佳美食不可错过哦！

180℃ 15分钟 ★★★

食材：（5个）

高筋粉 200g	细砂糖 5g
中筋粉 50g	黄油 5g
即发酵母粉 3g	水 160g
盐 5g	培根 5片

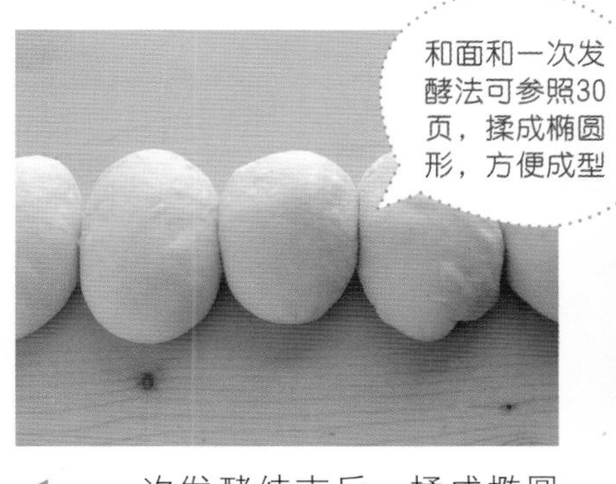

1 一次发酵结束后，揉成椭圆形，覆上保鲜膜或碗，进行15分钟的中间发酵。

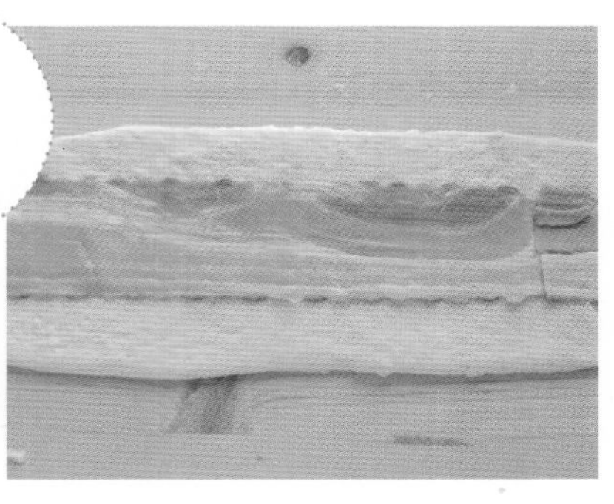

2 擀成面皮，长度和培根长度相同，放上培根。

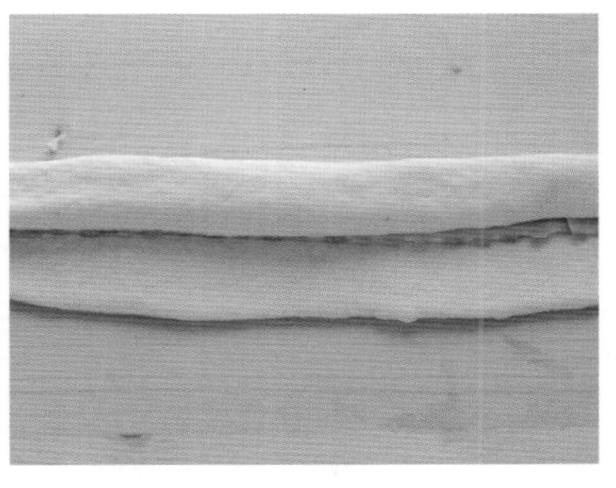

3 把面皮紧密地卷起来。

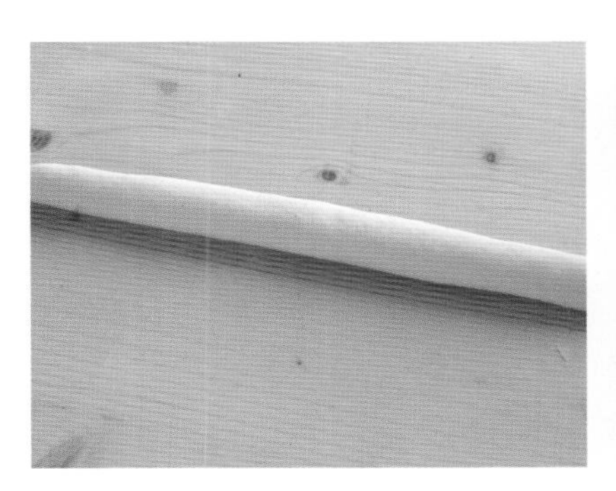

4 捏合，以免裂开。

5 移至烤盘，二次发酵30～40分钟。

6 发酵结束后，用剪子把面胚斜着剪开，边剪边交错摆开。

7 定型后，撒上水，放入预热温度为180℃的烤箱，烘烤15分钟。

香草叶形烤饼

形状奇特的法式香草叶形烤饼，表皮的韧劲和核桃的酥香，咀嚼时的口感倍增，向减肥中担心摄入卡路里的朋友们，真诚推荐这一低热量美食。

180℃ 15分钟 ★★

食材：（2个）

高筋粉 200g
低筋粉 50g
即发酵母粉 3g
盐 5g
细砂糖 10g
黄油 10g
水 150g
核桃碎 50g
橄榄油 少许

1 面团和好后，揉成圆形，置于碗中。

2 覆上保鲜膜，进行一小时的中间发酵，使体积增至原来的2倍。

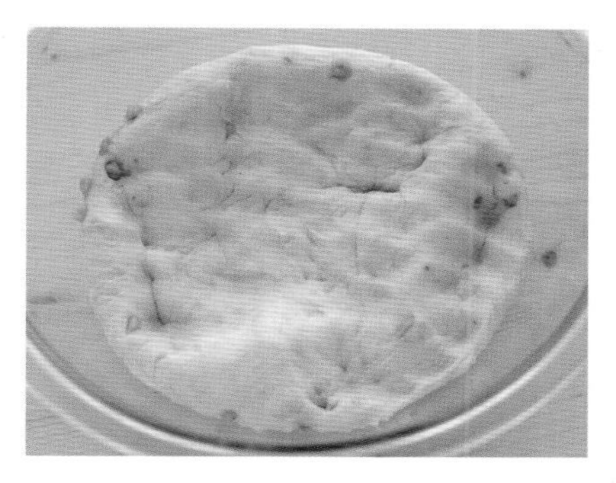

3 轻轻用拳头捶打，排气。

4 重新揉成圆形，放入碗中，覆上保鲜膜，发酵30分钟。

5 把面团2等分，里面气体还没有排出去时，揉成圆形，覆上保鲜膜或碗，进行15～20分钟的中间发酵。

6 用擀面杖擀成椭圆形，厚0.5cm左右，划刀口成叶状。

7 移至烤盘，边把刀口拉大，边整形后，表面厚刷一层橄榄油。

8 30～40分钟的二次发酵结束后，入预热温度为180℃的烤箱，烘烤15分钟。

Special Tip

用过筛面粉代替橄榄油，撒在表面后烘烤，也别具风味。也可将核桃换成芝麻和黑胡椒。

炼乳奶油核桃长棍面包

我家孩子在面包店常买的一种面包就是炼乳长棍面包。淡香的长棍面包和甜甜的炼乳奶油完美结合的核桃长棍面包，在家里试着做一次吧。

200℃ 5分钟
↓
180℃ 15分钟

★★

食材 （小型长棍面包4个）

高筋粉 270g
黑麦粉 30g
即发酵母粉 3g
盐 5g
细砂糖 12g
黄油 12g
水 170g
核桃碎 60g

⊙炼乳奶油

加盐黄油 100g
炼乳 50g
细砂糖 20g
蜂蜜 10g

制作长棍面包

1 和好面团后，揉成圆形，置于碗中，覆上保鲜膜，进行一次发酵1小时，使体积增至原来的2倍。

2 把面团4等分，揉成圆形，覆上保鲜膜或碗，进行20分钟的中间发酵。

3 用手掌轻按成椭圆形面皮。

4 两边各对折1/3，再对折，仔细捏紧合好后，两端搓长成红薯形。

5 移至烤盘。

6 进行一小时的二次发酵。

7 斜划刀口3处，洒上足量的水。

8 放入预热温度为200℃的烤箱，烘烤5分钟，再把烤箱温度降至180℃，烘烤15分钟。

炼乳奶油的制作

9 在软化的加盐黄油中，加入炼乳、蜂蜜、细砂糖，搅拌至乳状，装入裱花袋，以1cm间距划刀口，挤入炼乳奶油。

全麦核桃面包

面包里的全麦和核桃越嚼越香，奶奶做的面包大概就是这种口味吧，还可以加入适量的葡萄干。

190℃ 20分钟 ★★

食材：（3个）

高筋粉 200g	黄油 13g
全麦粉 50g	牛奶 150g
即发酵母粉 4g	核桃碎 30g
盐 2g	葡萄干 30g
细砂糖 10g	朗姆酒 10g

※葡萄干先放在朗姆酒中泡一下，再沥干

1 把和面食材都放在一起，将要揉好时，掺入葡萄干和核桃碎，继续揉合。

2 进行一次发酵40～50分钟，使体积增至原来的2倍。

3 把面团3等分，揉成圆形，并使面团表面光滑，覆上保鲜膜或碗，进行15分钟的中间发酵。

4 用擀面杖擀成椭圆形。

5 紧密卷起，成红薯形，捏紧合好。

6 表面沾少量全麦粉。

7 移至长棍模，进行一小时30～40分钟的二次发酵。

8 发酵结束后，表面筛一层少量全麦粉，浅划斜刀口。

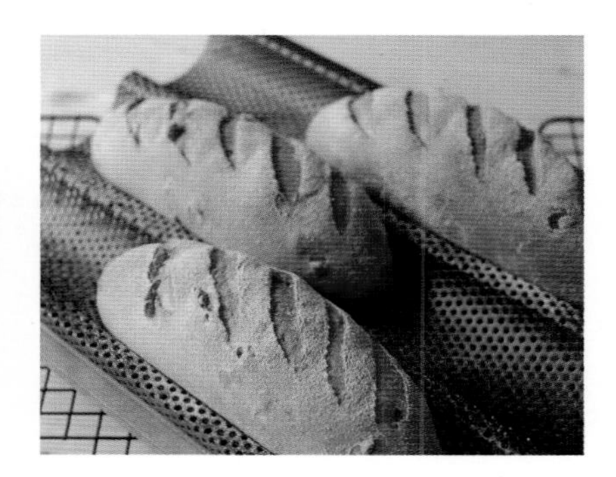

9 放入预热温度为190℃的烤箱，洒足量的水，放入长棍模中烘烤20分钟。

肉桂卷

在陌生异国——芬兰的一家小餐馆里，上演了三名日本女人的生活琐事的电影《海鸥饭店》，您看过吧？像故事的主人公一样，一起来做散发着淡淡的肉桂香的肉桂卷吧。

180℃ 13～15分钟 ★★

食材：		⊙填充物	⊙糖衣
高筋粉 250g	细砂糖 50g	软化黄油 30g	朗姆酒 6g
即发酵母粉 2g	黄油 25g	红砂糖 80g	水 6g
奶粉 8g	蛋黄 1个	肉桂粉 5g	糖粉 50g
盐 2g	水 140g	核桃碎 50g	
		杏仁粉 20g	

※把制作糖衣的食材全部混合拌匀，待用

1 把融化的黄油、红砂糖、肉桂粉、核桃碎和杏仁粉混在一起，拌匀做填充物，待用。

2 一次发酵结束后，排气，揉成圆形，覆上保鲜膜或碗后，进行中间发酵15分钟。

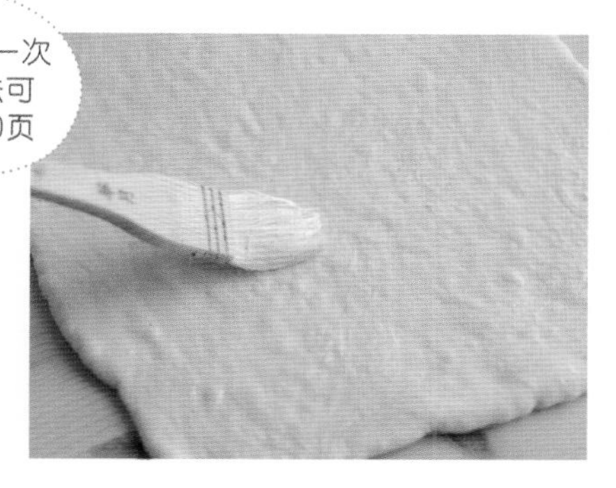

3 把面团擀成25×30cm的四边形，均匀刷上软化的黄油。

4 在3的面皮上，均匀铺上填充物后，卷起来。

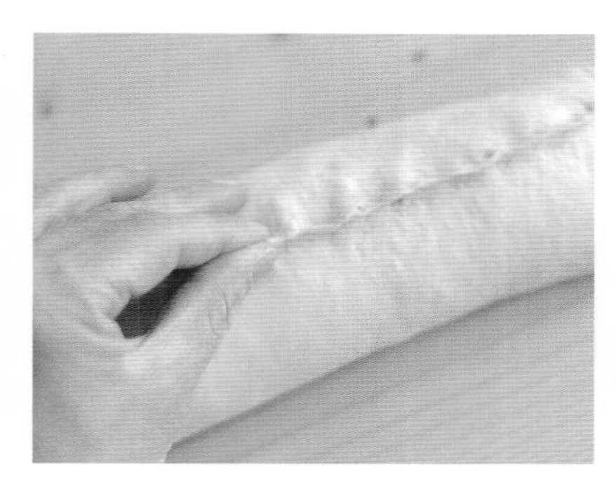

5 收边处抹少量水，紧和，以免裂开。

6 切成2cm厚。

7 全部移至铺有硅油纸的烤盘。

8 进行二次发酵30分钟。

9 发酵结束后，放入预热温度为180℃的烤箱，烘烤13～15分钟，冷却后，挂糖衣。

蔬菜卷

填入各种蔬菜和马苏里拉奶酪的蔬菜卷可以当主食吃，不吃青菜的孩子也很爱吃的蔬菜卷，是老少皆宜的人气美食。

180℃ 10～12分钟 ★★

食材：（14个）

高筋粉 320g
低筋粉 80g
即发酵母粉 8g
盐 6g
细砂糖 50g
黄油 50g
鸡蛋 2个
牛奶 150g

⊙填充物

胡萝卜 1/2个
青椒 1个
马苏里拉奶酪 100g
火腿 150g
洋葱 1个

Tip 准备工序

在慕斯圈内抹上黄油，没有慕斯圈用锡纸盘代替也可以。

1 把除了马苏里拉奶酪的填充用蔬菜剁碎，在大火上迅速翻炒出水分后，晾凉。

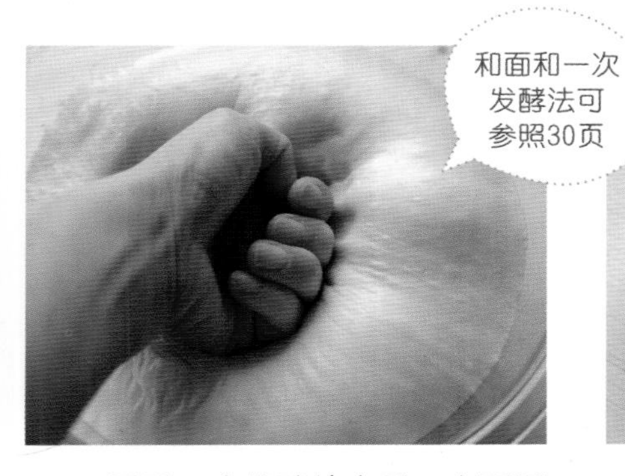

2 面团一次发酵结束后，在面团上捶拳，排气。

3 揉成圆形，并使表面光滑，覆上保鲜膜或碗，进行15分钟的中间发酵。

4 把面团擀成50×40cm的四边形，放上蔬菜填充物后，撒上马苏里拉奶酪。

5 卷上捏合，切成2cm厚的小块。

6 在慕斯圈内抹上黄油，放入切好的小块。

7 没有慕斯圈用锡纸盘代替也可。

8 进行40分钟二次发酵后，在表面刷蛋液。

9 放入预热温度为180℃的烤箱，烘烤10～12分钟。

金枪鱼面包

把金枪鱼和玉米粒拌在沙拉酱里，夹入面包里，看着外观像石榴一样的杰作，不由得笑出声来。

180℃ 12分钟 ★★

食材：（7个）
高筋粉 200g
即发酵母粉 2g
盐 2g
细砂糖 20g
黄油 20g
鸡蛋 1个
水 90g

⊙填充物
金枪鱼（罐头）1罐
玉米粒（罐头）50g
沙拉酱 40g
盐 少许
黑胡椒 少许

⊙蛋液
蛋黄 1个
水 20g

1 金枪鱼和玉米粒各自沥干，金枪鱼去油，用盐和黑胡椒腌一下，放入沙拉酱，拌匀。

2 面团和好后，揉成圆形，置于碗中。

3 覆上保鲜膜，一次发酵40分钟，直至体积增大2倍。

4 一次发酵结束后，将面团7等分。

5 揉成圆形，并使表面光滑，覆上保鲜膜或碗，进行10分钟的中间发酵。

6 用手掌压扁，排去里面的气体的同时，压成直径为10cm的圆形，放上填充物紧密捏合，以防填充物渗出。

7 收边处朝下，移至烤盘，以一定间距摆好。

8 进行30分钟的二次发酵后，在表面刷一层蛋液，用剪子剪成十字花口。

9 放入预热温度为180℃的烤箱，烘烤12分钟。

奶酪卷

奶酪卷什么时候都很受欢迎，变幻的外观，让家人还以为是另一种面包，吃得很香。这就是色香味俱全的奶酪卷，还等什么呢？快来一起制作吧！

180℃ 12～15分钟 ★★

食材：（6个）

高筋粉 250g
奶粉 8g
即发酵母粉 2g
盐 2g
细砂糖 50g
黄油 25g
蛋黄 1个
牛奶 100g

⊙填充物

奶油奶酪 180g
细砂糖 30g
葡萄干 30g
核桃碎 30g

⊙蛋液

蛋黄 1个
水 20g

1 室温内变软的奶油奶酪中，加入细砂糖、葡萄干、核桃碎，搅拌均匀，做填充物待用。

2 一次发酵结束后，用拳头轻轻敲打，排气。

3 把面胚6等分。

4 揉成圆形，并使表面光滑，覆上保鲜膜或碗，中间发酵15分钟。

5 擀成椭圆形，在上面抹上填充物。

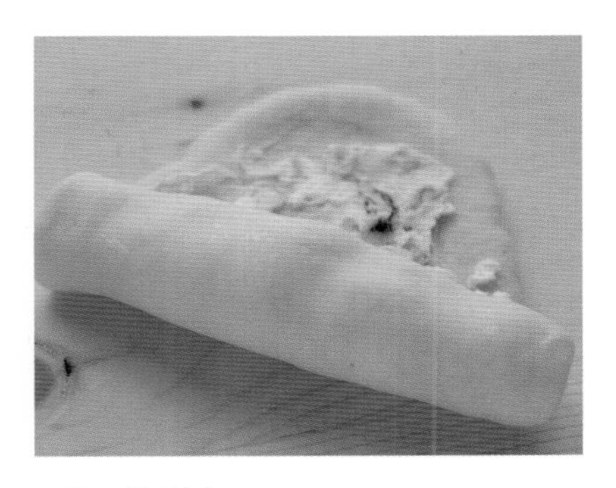

6 卷起来。

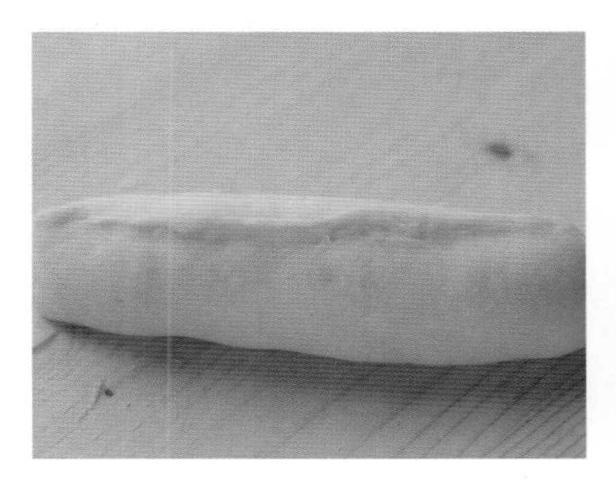

7 收边处捏紧，以防裂开。

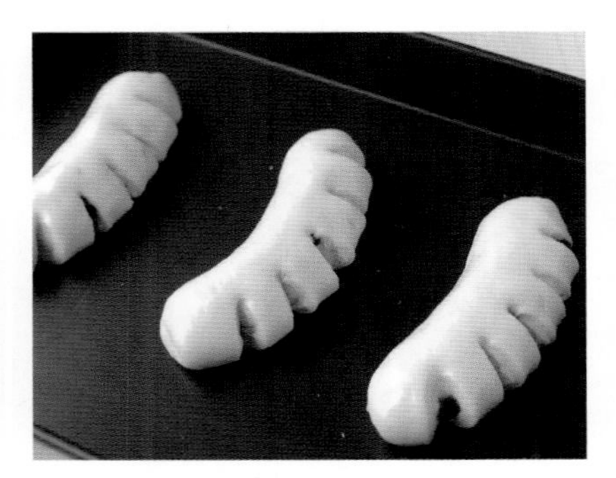

8 移至烤盘，以一定间距摆好，用剪子剪开几个口子，并稍向外掰开。

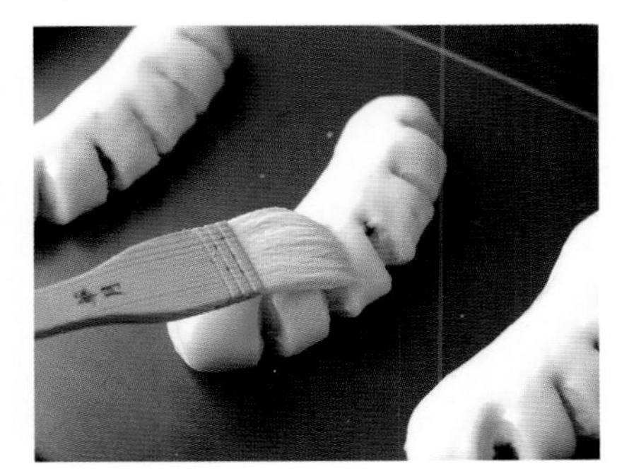

9 40分钟的二次发酵结束后，在面胚表面刷蛋液，放入预热温度为180℃的烤箱，烘烤12～15分钟。

180℃ 15分钟 ★

食材：（4个）

高筋粉 200g	黄油 30g	⊙蛋液
低筋粉 50g	鸡蛋 1个	蛋黄 1个
即发酵母粉 4g	牛奶 100g	水 20g
盐 2g	葡萄干 70g	
细砂糖 50g	装饰糖 少许	

※葡萄干先放在朗姆酒中泡一下，再沥干

葡萄干麻花辫面包

有时会忆起女儿小时候的画面，坐在我前面，我认真地给她编辫子。那时总缠着我让这样编那样编的小家伙，不知不觉间已经长成了大姑娘。早知道这么快就长大的话，当初满足她所有的要求就好了……有女儿的母亲会做得更漂亮的面包——葡萄干麻花辫面包。

如用手和面，请参照30页

1 把除了葡萄干的其他和面食材放入面团中，将要揉和好时，掺入葡萄干，混合均匀。

2 进行一次发酵50分钟，使体积增至原来的2倍，12等分，揉成圆形。

3 覆上保鲜膜后，进行20分钟的中间发酵，用手掌压扁后，卷起来。

这样容易搓成长条

4 静置5分钟。

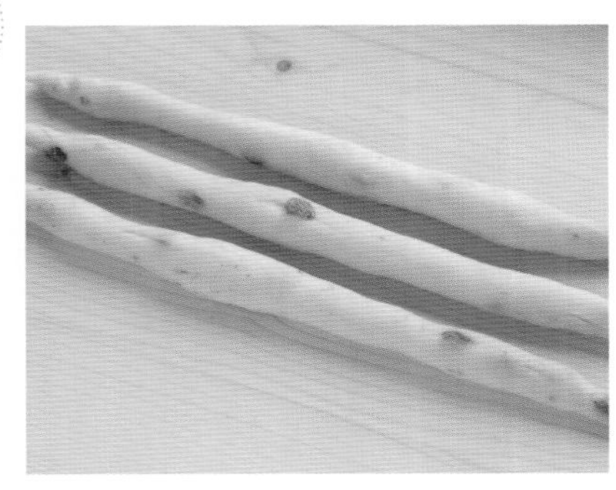

5 搓成15cm的长条。

6 像编辫子一样，拧好后，移至烤盘。

7 进行50分钟的二次发酵。

8 表面刷蛋液，撒装饰糖。

9 放入预热温度为180℃的烤箱，烘烤15分钟。

香肠面包

孩子们都喜欢吃香肠面包，给放学的孩子准备一个香肠面包和一杯牛奶，不用告诉他自己就津津有味地吃起来，孩子们这么爱吃的美食，怎么能不会做呢？

180℃ 10～12分钟 ★★

食材：（8个）

高筋粉 160g	黄油 25g
低筋粉 40g	鸡蛋 1个
即发酵母粉 2g	牛奶 70g
盐 1g	香肠 8个
细砂糖 25g	

⊙[illegible]

蛋黄 1个	水 20g

1 和好面团后，揉成圆形，置于碗中，覆上保鲜膜，进行一次发酵40分钟，直到体积增大2倍。

2 发酵结束后，轻按，排气。

3 把面胚8等分，揉成圆形，并使表面光滑，覆上保鲜膜或碗，进行10分钟的中间发酵。

4 轻轻地把面团擀成香肠长度相同的椭圆形。

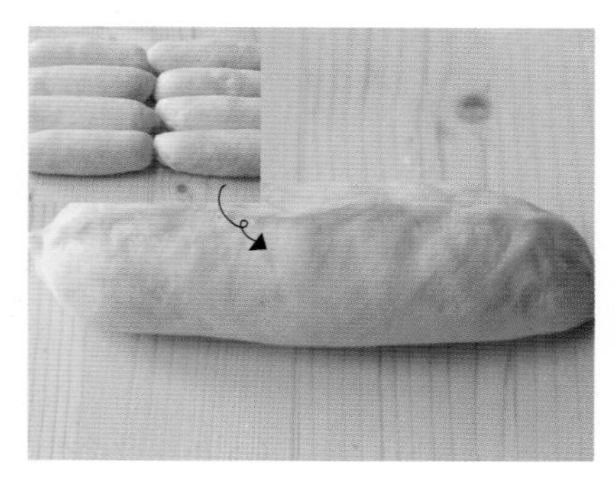

5 把香肠包上，捏合。

6 切7～8处刀口，把香肠完全切断，但面皮没完全切断，最底端仍相连接。

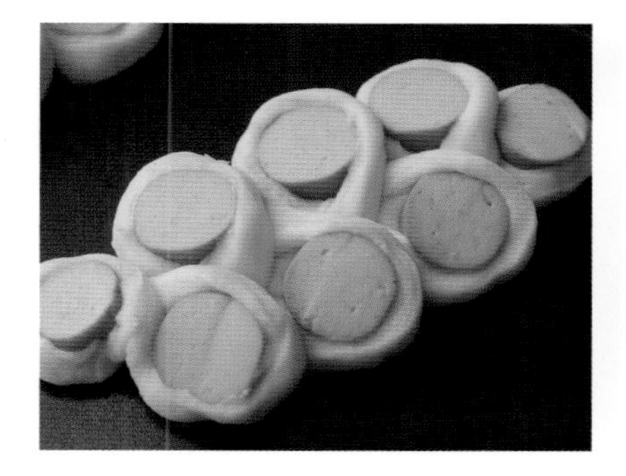

7 如图，把每一片交错摆开，成型后移至烤盘。

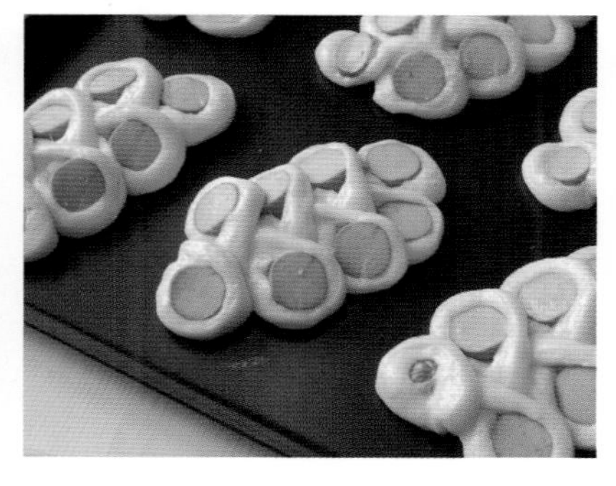

8 进行30分钟二次发酵后，在表面刷蛋液。

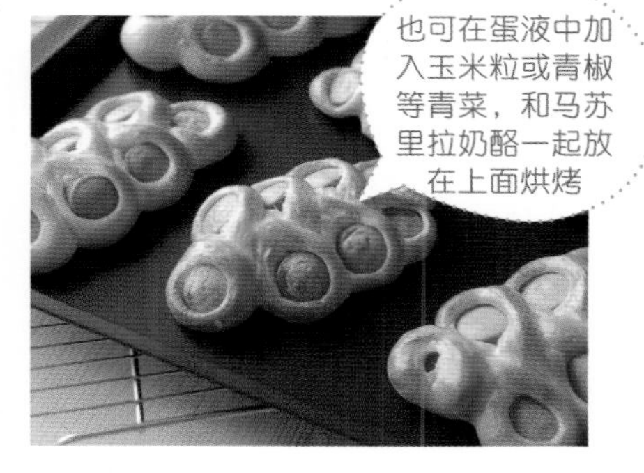

9 放入预热温度为180℃的烤箱，烘烤10～12分钟。

菠萝包

如果把点心烤制裂口了，看起来就有点像菠萝，因此而得名，有意思吧？点心上撒的亮晶晶的细砂糖，更使菠萝包独具魅力。

180℃ 10 ~ 12分钟 ★★★

高筋粉 250g　　黄油 30g
即发酵母粉 4g　　鸡蛋 1个
盐 5g　　牛奶 120g
细砂糖 35g

⊙菠萝皮

低筋粉 130g　　糖粉 60g
泡打粉 5g　　鸡蛋 1个
黄油 35g

菠萝皮的制作

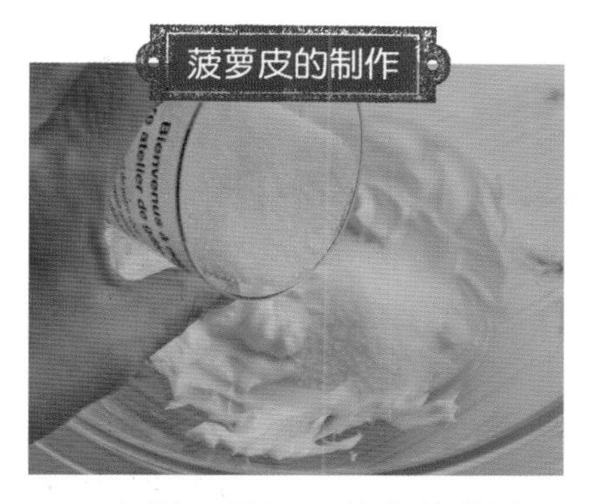

1 把置于常温下软化的黄油用打蛋器打发，细砂糖分三四次掺入。

2 放入少许打发好的蛋液，用搅蛋器搅拌成乳状。

3 放入过筛的低筋粉、糖粉和泡打粉。

4 用刮刀拌匀，直至看不见白色面粉。

5 覆上保鲜膜，静置。

面胚的制作

6 面团一次发酵结束后，10等分。

7 揉成圆形，并使表面光滑，覆上保鲜膜或碗，进行10分钟的中间发酵。

8 中间发酵过程中，把提前准备好的菠萝皮胚料从冷藏室取出，10等分，揉成元宵一样的球形。

9 中间发酵结束后，搓揉的同时，排去里面的气体，重新揉成圆形。

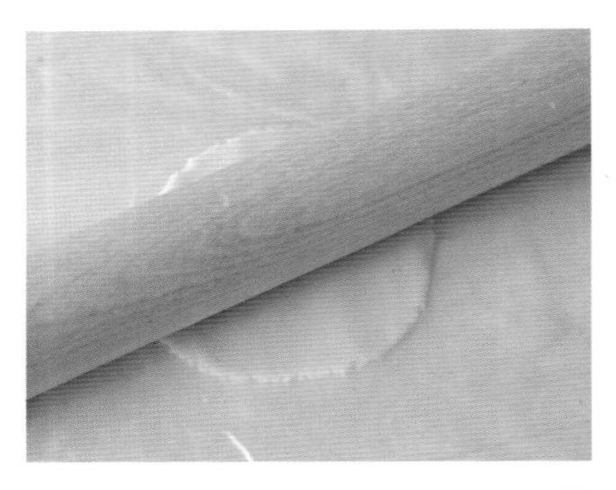

10 在两张保鲜膜中间放入菠萝皮胚料，擀成可以把9包上大小的面皮。

11 在面包圆形胚料上洒少量水，用菠萝皮裹住（贴手一侧带保鲜膜）。

12 把面包胚料包上，紧和。

13 菠萝皮胚料上沾细砂糖。

14 用刮刀划格子条纹。

15 移至烤盘，以一定间距摆好，进行30～40分钟的二次发酵。

16 发酵结束后。

17 放入预热温度为180℃的烤箱，烘烤10～12分钟。

Special Tip

如用抹茶代替菠萝皮食材中的高筋粉4g～5g，即可烤出绿色的菠萝包。

摩卡面包

烤摩卡面包时，屋子里散发的淡淡咖啡香，让人体会到了幸福的味道，面包中咸淡适中的黄油和咖啡香，让人百吃不厌。

190℃ 12分钟 ★★

食材：（8个）

高筋粉 200g
低筋粉 50g
即发酵母粉 3g
盐 2g
加盐黄油（填充用）60g
细砂糖 25g
黄油 25g
淡奶油 15g
鸡蛋 1个
牛奶 85g

⊙浇头

低筋粉 55g
黄油 55g
细砂糖 55g
鸡蛋 1个
咖啡提取液（热牛奶7g+速溶咖啡1小匙）

浇头制作

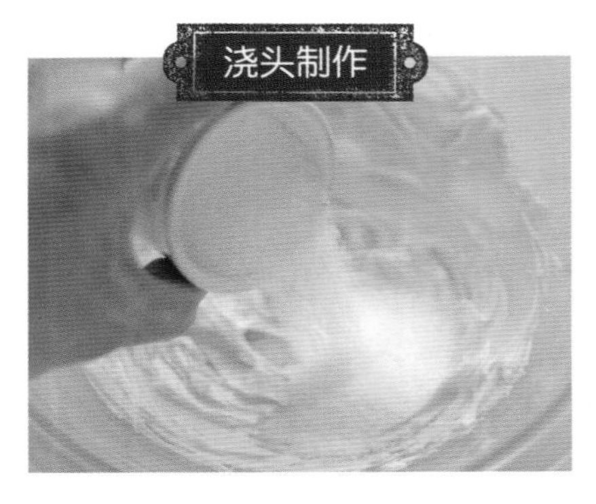

1 把置于常温下软化的黄油用打蛋器打发，细砂糖分三四次掺入，搅拌。

2 分几次放入打发好的蛋液，每次放少量并同时用搅蛋器搅拌成乳状。

3 咖啡提取液分三四次放入，搅匀。

4 放入过筛的高筋粉。

5 用刮刀拌匀，直至看不见白色面粉。

6 装入裱花袋。

面包的制作

7 面团一次发酵结束后，8等分。

8 揉成圆形，并使表面光滑，覆上保鲜膜或碗，进行15分钟的中间发酵。

9 把面团擀开，放上少许加盐黄油（填充用）。

10 紧和，以防黄油漏出。

11 收边处朝下，移至烤盘。

12 进行30～40分钟的二次发酵。

13 把6裱花袋中的胚料挤到面团上。

14 放入预热温度为190℃的烤箱，烘烤12分钟。

奶油卷

松软清淡的经常做的奶油卷，像打结一样拧成的形状，更是备受众人喜爱，做成三明治也别具风味。

180℃ 12分钟 ★★

食材：（10个）

高筋粉 200g	细砂糖 30g
低筋粉 50g	黄油 40g
即发酵母粉 2g	鸡蛋 1个
盐 2g	牛奶 110g

⊙蛋液

蛋黄 1个	水 20g

1 面团一次发酵结束后，10等分，揉成圆形，并使表面光滑。

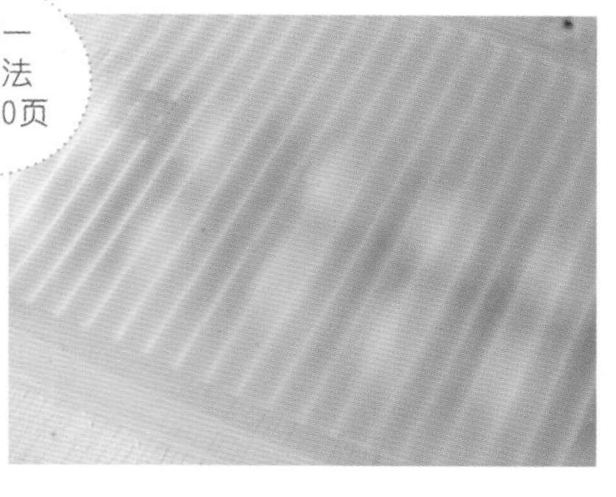

2 为防止表面干燥，覆上保鲜膜或碗，进行15分钟的中间发酵。

3 用手掌压扁，排去里面的气体的同时，压成10cm长的椭圆形。

4 紧密卷起，捏合。

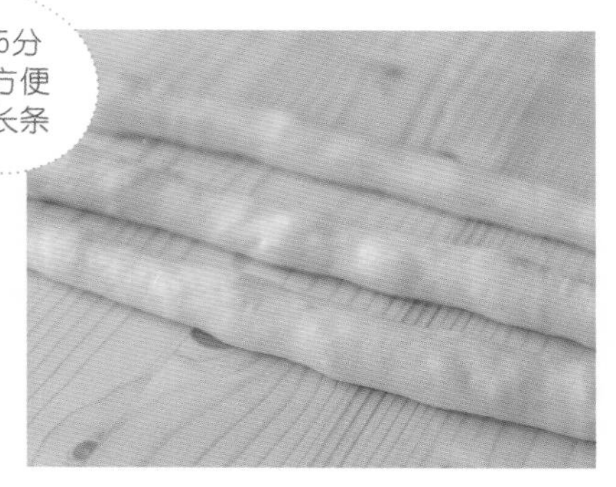

5 每个都搓成长度为27cm的长条。

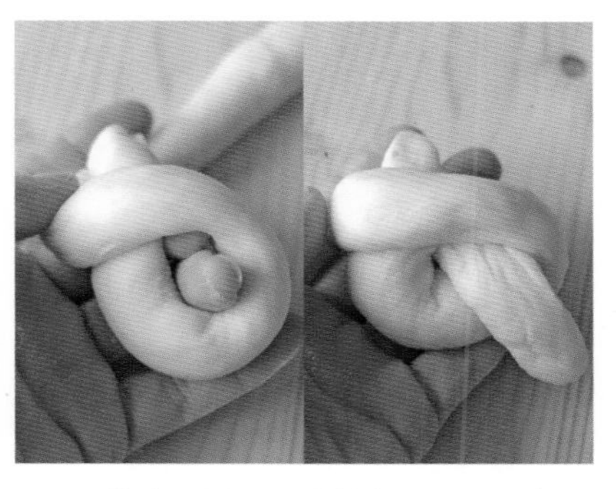

6 较长的部分缠住较短的一端，像打结一样把末端插入中间的孔中。

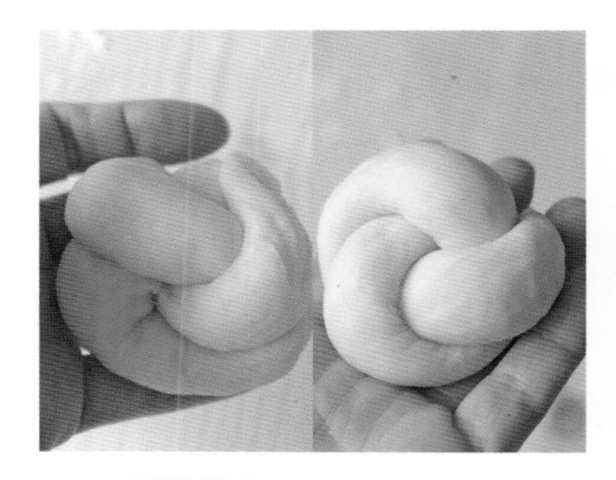

7 两端捏合。

8 移至烤盘，以一定间距摆好，进行30分钟的二次发酵后，在表面刷一层薄蛋液。

9 放入预热温度为180℃的烤箱，烘烤12分钟。

马卡龙面包

喜欢清淡口味的朋友，有时候也会想吃甜甜的面包，既松软又香甜的马卡龙面包怎么样？来尽享甜美时光吧！

180℃ 15分钟 ★★

食材：（5个）

高筋粉 250g	黄油 25g
奶粉 8g	蛋黄 1个
即发酵母粉 4g	水 140g
盐 2g	核桃碎 50g
细砂糖 50g	

◎马卡龙浇头

蛋白 1个	杏仁粉 40g
细砂糖 90g	

※马卡龙浇头：蛋白中加入细砂糖，充分打发后，放入杏仁粉，待用。

1 面团将要和好时，掺入核桃，一次发酵结束后，把面胚5等分，揉成圆形，15分钟中间发酵。

2 擀成椭圆形面皮。

3 卷成长筒形，捏合。

4 覆上保鲜膜，静置5分钟后，搓成45cm长条。

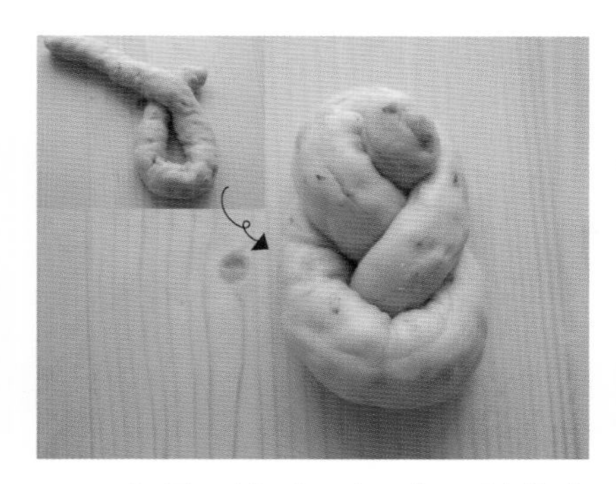

5 如图，找到一点，把两端分成不同的长度，拧成8字形，收边处捏合。

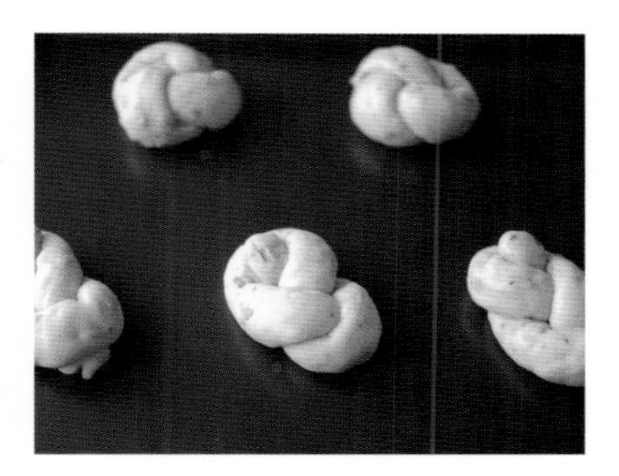

6 移至烤盘，以一定间距摆放。

7 覆上保鲜膜或碗，二次发酵40分钟。

8 浇上马卡龙浇头，适量撒上剩下的核桃。

9 放入预热温度为180℃的烤箱，烘烤15分钟。

小点心 5

草莓奶油面包

奶油奶酪和草莓酱结合的酸甜口的面包，是孩子们的最爱，按个人口味，也可只放入奶油奶酪，做成沁人的奶香面包。

180℃ 15分钟 ★

食材：（9个）

高筋粉 300g	草莓酱 60g
即发酵母粉 3g	鸡蛋 1个
盐 2g	牛奶 140g
黄油 30g	核桃碎 60g

⊙填充奶油

奶油奶酪 250g	草莓酱 80～100g

1 把奶油奶酪和草莓酱拌匀，做成填充奶油，待用。

2 在和面机中放入草莓酱等所有食材，揉和成圆形，置于碗中。

3 一次发酵50分钟，直至体积增大2倍。

4 一次发酵结束后，9等分，每个都揉成圆形，覆上保鲜膜或碗，进行15分钟的中间发酵。

5 用手压成直径为12cm的圆形，放上填充奶油35g。

6 紧密捏合，以防填充物渗出。

7 移至烤盘，以一定间距摆好，进行40分钟的二次发酵后。

8 用另一个烤盘，把面团轻压成一定厚度的饼状。

9 连上面压着的烤盘，一起放入预热温度为180℃的烤箱，烘烤15分钟。

巧克力面包

巧克力面包是放了很多巧克力制成的面包，制作要领是着色，不注意易糊变黑。

180℃ 20分钟 ★

食材：（8寸圆模1个）

高筋粉 300g	黄油 20g
可可粉 30g	鸡蛋 1个
即发酵母粉 3g	淡奶油 30g
盐 2g	牛奶 160g
细砂糖 20g	巧克力块 80g
糖稀 30g	

1 把除了巧克力外的所有原料混在一起，揉和成面团，面团将要和好时，掺入巧克力。

和面和一次发酵法可参照30页

2 把面团揉成圆形，置于碗中，覆上保鲜膜，一次发酵一小时，直至体积增大2倍。

3 一次发酵结束后，把面团4等分。

4 揉成圆形，使表面光滑，覆上保鲜膜或碗，进行20分钟的中间发酵。

5 发酵结束后，重新揉成圆形，同时排去里面的气体，入模。

6 二次发酵至体积增大到模具上方1～2cm处，放入预热温度为180℃的烤箱，烘烤20分钟。

小点心 7

面包棒

像手指饼干一样，一根接着一根地吃，很快就吃没了，这周末亲手为喜欢清淡口味的家人，做一次面包棒吧，家人围坐一起，当休闲食品吃也是不错的选择。

180℃ 10～12分钟 ★

食材：（20个）

高筋粉 300g	黄油 30g
即发酵母粉 3g	鸡蛋 1/2个
盐 2g	牛奶 90g
细砂糖 20g	水 90g

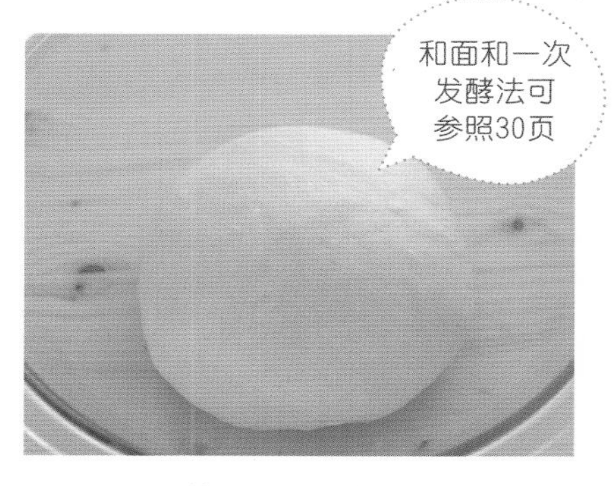

1 面团将要和好时，揉成圆形，置于碗中。

2 一次发酵45分钟，直至体积增大2倍。

3 排去里面的气体，揉成圆形，覆上保鲜膜或碗，进行15分钟的中间发酵。

4 擀成30×30cm的四边形，切成3×15cm大小。

5 移至烤盘，进行25～30分钟的二次发酵。

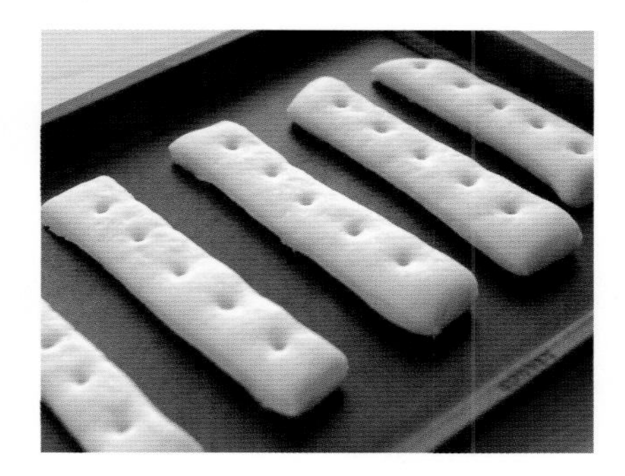

6 二次发酵结束后，用筷子在表面均匀扎眼，轻洒少量水。

7 放入预热温度为180℃的烤箱，烘烤10～12分钟。

谷物面包

用玉米粉制成的谷物面包，口味香甜，口感纯正，做法十分简单，如果想吃，随时都可以做，马上就能入口哦！

180℃ 20～25分钟 ★

食材：（6个）

中筋粉 120g	黄油 50g
玉米粉 100g	鸡蛋 2个
泡打粉 5g	原味酸奶 60g
盐 2g	黄油（浇头用）少许
细砂糖 50g	水 90g

⊙蛋液

蛋黄 1个	水 20g

1 在过筛的中筋粉、玉米粉、泡打粉中，加入细砂糖和盐，拌匀，过筛待用。

2 隔水加热黄油，使其融化，放入原味酸奶和蛋液，搅打均匀。

3 在1的粉料中，缓慢倒入2。

4 用刮刀切拌，直至看不到白色面粉。

5 搅拌至成团。

6 面团6等分。

7 用手揉成团，置于烤盘。

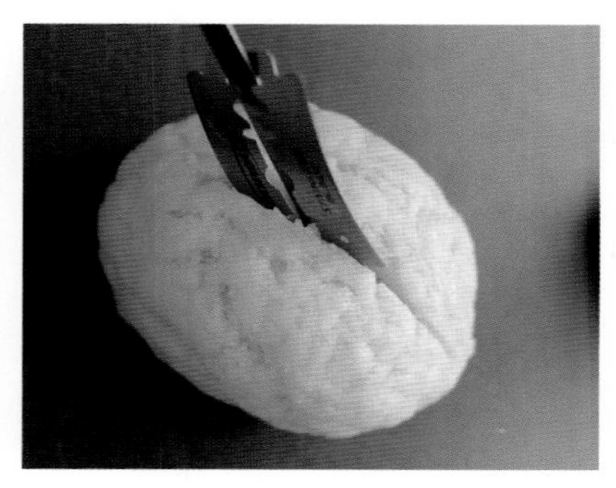

8 在面团中间划刀口，刀口中放入软化的黄油。

9 表面刷蛋液后，放入预热温度为180℃的烤箱，烘烤20～25分钟，直到着色。

土豆面包

土豆通常煮着吃，在面包中放入捣碎的土豆泥，就可以制作出松软美味的土豆面包了，再煲一碗热汤，真是一顿美餐啊。

180℃ 15分钟 ★

食材：（8寸方模2个）

高筋粉 400g
即发酵母粉 3g
煮熟的土豆 200g
细砂糖 20g
黄油 40g
牛奶 240g
盐 4g

1 把土豆煮熟，剥皮，趁热捣碎，晾凉后，和其他食材一起放入和面机，搅拌。

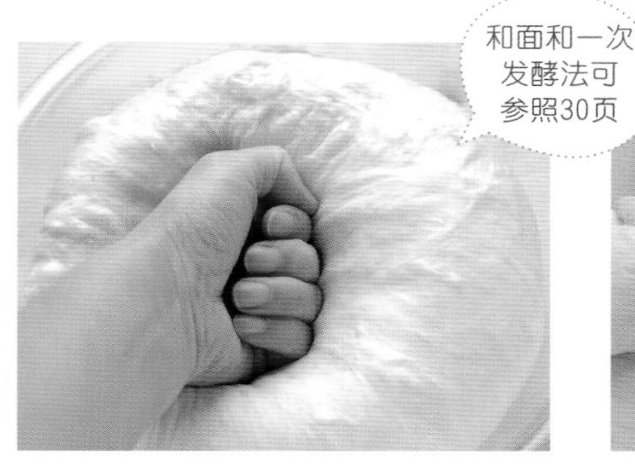

2 一次发酵结束后，在上面敲打，排去里面的气体。

3 把面团8等分。

4 揉成圆形，覆上保鲜膜或碗，进行15分钟的中间发酵。

5 中间发酵结束后，重新排气，揉成圆形，放入方模。

6 进行25～30分钟的二次发酵，体积增大到模具上方1cm。

7 放入预热温度为180℃的烤箱，烘烤15分钟。

花式
面包 2

奶油酥粒栗子面包

香甜的栗子加上酥脆的奶油酥粒制作而成的一种美食，制作时，就勾起了儿时对奶油酥粒面包的回忆，撕开吃的感觉，真是棒极了！

180℃ 25分钟 ★

食材：（[illegible]寸圆模2个）

高筋粉 400g
中筋粉 100g
即发酵母粉 5g
盐 5g
黄油 70g
细砂糖 70g
鸡蛋 1个
牛奶 220～230g
栗子 180g

⊙奶油酥粒

中筋粉 125g
奶粉 4g
泡打粉 4g
黄油 60g
花生油 20g
细砂糖 75g
盐 1g

1 把栗子沥干，切成适中大小。

2 把除了栗子外的其他食材混在一起，面团将要揉和好时，置于碗中，一次发酵40～50分钟，直至体积增大2倍。

3 面团2等分，揉成圆形，覆上保鲜膜或碗，进行20分钟的中间发酵。

4 擀成40cm长的四边形，把栗子均匀撒在上面。

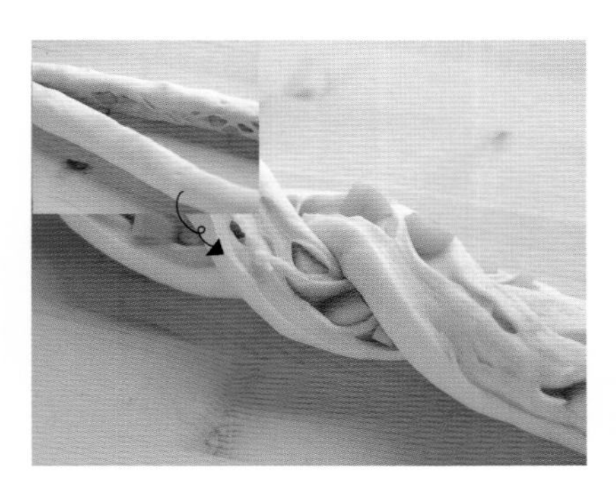

5 把面皮卷成长条，竖着切成两半，拧成麻花劲。

6 码成圆圈，置于圆模中。

7 轻洒些水后，撒上奶油酥粒。

8 进行40～50分钟的二次发酵。

9 放入预热温度为180℃的烤箱，烘烤25分钟。

甜豆沙麻花辫面包

小时候喜欢的口味长大了也没怎么变，不管以前还是现在，一到面包店，精美的甜豆沙麻花辫面包总是最先映入眼帘，面包店的豆沙面包样式很单一，于是自己动手翻了些花样。

180℃ 13～15分钟 ★★

食材：（2个）

高筋粉 200g	细砂糖 40g
低筋粉 50g	黄油 30g
即发酵母粉 2g	鸡蛋 1个
盐 2g	牛奶 120g

⊙填充物

红豆沙 400g	奶油酥粒 少许
核桃碎 少许	

⊙蛋液

蛋黄 1个	水 20g

1 一次发酵结束后，把面团2等分，揉成圆形，进行中间发酵20分钟。

2 擀成30×25cm的四边形，抹上红豆沙后，再把核桃均匀撒在上面。

3 卷起，捏合，切1.5～2cm厚的底部连着一点的刀口。

4 移至烤盘，左右交替摆开，进行45～50分钟的二次发酵。

5 二次发酵结束后，表面刷蛋液，撒适量奶油酥拉。

6 放入预热温度为180℃的烤箱，烘烤13～15分钟。

Tip

奶油酥粒做法参照33页。

Bonus Menu

花样甜豆沙面包制法

把面团分成每份40g的几份，每份包入35g的红豆沙，如图所示揉成花形后，花样甜豆沙就做好了。

苹果卷

苹果大量上市的秋季，经常做的一种点心。把熬得酸甜的苹果卷在里面，散发着浓郁的苹果清香的特色美食就出炉啦。

180℃ 20～25分钟 ★★

食材：（8寸圆模1个）

高筋粉 160g	细砂糖 30g
低筋粉 40g	黄油 25g
即发酵母粉 2g	鸡蛋 1/2个
盐 2g	牛奶 110g

⊙填充物

去皮苹果 400g	柠檬汁 1/2个份
细砂糖 60g	肉桂粉 2.5g

1 把苹果切成0.5cm厚度小块，放于碗中，拌入细砂糖。

2 用中火熬，加入肉桂粉和柠檬汁，待收汁后，晾凉。

和面和一次发酵法可参照30页

3 面团一次发酵结束后，揉成圆形，覆上保鲜膜或碗，中间发酵15～20分钟。

4 擀成30×30cm的方形，放入熬好的苹果。

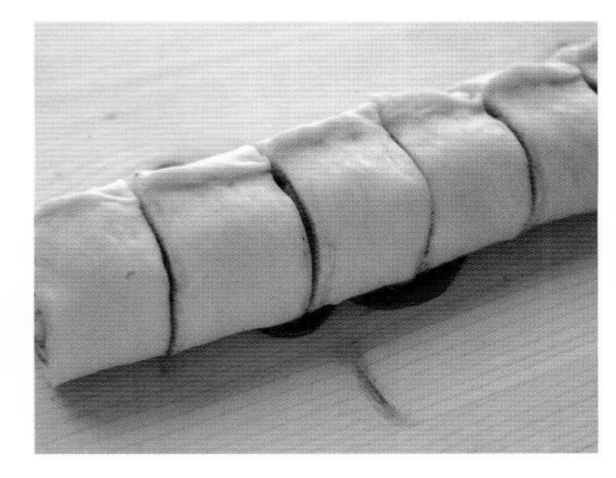

5 卷起，用水捏合，切成3～4cm厚的小块。

6 把面块摆入圆模内。

7 二次发酵45分钟。

8 放入预热温度为180℃的烤箱，烘烤20～25分钟。

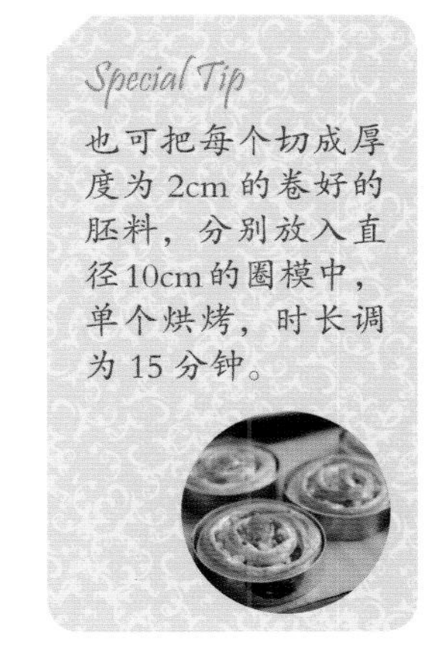

Special Tip

也可把每个切成厚度为2cm的卷好的胚料，分别放入直径10cm的圈模中，单个烘烤，时长调为15分钟。

花式
面包 5

肉桂核桃面包

“我很丑，但我很美味……”还记得这样一句咖啡广告语吧？虽然肉桂核桃面包外观其貌不扬，但真的是一道美食。

180℃ 15分钟 ★

食材：（8寸圆模1个）

高筋粉 200g
低筋粉 50g
即发酵母粉 2g
盐 2g
细砂糖 40g

黄油 30g
鸡蛋 1个
牛奶 125g
软化黄油 少许

⊙滚头
红砂糖 50g
肉桂粉 25g
核桃碎 50g

⊙糖衣
糖粉 50g
牛奶 15g

1 把浇头食材全部混合，倒入搅拌机，稍微搅拌一下。

2 一次发酵后，10等分。

3 揉成圆形，使表面光滑，覆上保鲜膜或碗，中间发酵15分钟。

4 排气，重新揉成圆形，刷上软化黄油。

5 撒浇头，用两手轻轻攥住，使浇头黏在面团上。

6 面团装入圆模内。

7 二次发酵50分钟，把剩下的浇头撒在上面。

8 放入预热温度为180℃的烤箱，烘烤15分钟。

9 冷却后，淋上糖粉和牛奶制成的糖衣。

红薯枫叶面包

虽然食材像农村姑娘一样清淡简朴，但却有都市丽人的时尚品位，红薯、芝麻和枫叶糖浆的完美组合而成的极品美食。

180℃ 15分钟 ★★

食材：（450g的面包模1个）

高筋粉 250g	鸡蛋 1个
即发酵母粉 2g	牛奶 120g
盐 2g	黑芝麻 1大匙
细砂糖 20g	白芝麻 1大匙
黄油 45g	

⊙红薯浇头

红薯 100g	枫叶糖浆 40g
黄油 5g	软化黄油 40g

红薯浇头制作

1 把红薯切成玉米粒大小，锅中放5g黄油，融化后，把红薯稍微炒一下，倒入软化黄油和糖浆，拌匀。

面胚的制作

2 一次发酵结束后，下剂，每个剂子为20g。

3 揉成圆形，使表面光滑，覆上保鲜膜或碗，中间发酵15分钟。

4 排气，重新揉成圆形。

5 把每个面团在浇头中滚一下，捞出。

6 面包模中铺硅油纸，一层一层地依次放上面团和一部分浇头装入圆模。

7 二次发酵40分钟，直到体积增至模边缘以下。

8 二次发酵结束后，把剩下的浇头浇在上面。

9 放入预热温度为180℃的烤箱，烘烤15分钟。

花式
面包 7

香橙法式奶油餐包

橙子的酸甜口感让乏力的下午心情愉悦，充满活力，像补充了维生素一样，是周六午后最好的选择。

200℃ 10分钟 ★

食材：（24个）

高筋粉 240g	橙味糖 1袋
中筋粉 60g	黄油 120g
即发酵母粉 2g	鸡蛋 1个
盐 3g	牛奶 80g
细砂糖 3g	

⊙糖衣

糖粉 50g	牛奶 15g

⊙蛋液

蛋黄 1个	水 20g

※没有橙味糖时，把橙子洗净，可把橙皮剥下，取橙皮一半捣碎后，加入即可。

1 把除了黄油的食材，混在一起搅拌揉和，再掺入黄油，充分搓揉。

2 常温下一次发酵1小时30分钟，直到体积增至2倍。

3 一次发酵结束后，排气，24等分。

4 每个都揉成圆形，覆上保鲜膜或碗，中间发酵20分钟。

5 重新揉成圆形，排气。

6 面团入模。

7 二次发酵1小时，刷蛋液。

8 放入预热温度为200℃的烤箱，烘烤10分钟，直至着色为褐色。

花式
面包 8

英式车轮饼

英式车轮饼是英国人早餐时喜欢吃的，因此而得名。忙碌的早晨，做成夹入火腿、培根、奶酪、煎鸡蛋等的三明治，也是不错的选择，别忘了泡一杯咖啡哦。

180℃ 15分钟 ★★

食材：（慕斯圈9个）

高筋粉 250g
即发酵母粉 4g
盐 2g
细砂糖 20g
黄油 10g
牛奶 140g
玉米粉 适量

Tip 准备

没有慕斯圈，可剪3×35cm的厚纸板，用锡纸包上即可。葡萄干放入朗姆酒中浸泡后沥干待用。

1 和好面团后，揉成圆形，置于碗中，覆上保鲜膜，进行一次发酵1小时。

2 使体积增至原来的2倍，把面团9等分。

3 揉成圆形，并使表面光滑，覆上保鲜膜或碗，进行15分钟的中间发酵。

4 重新揉成圆形，排气，上下面均沾满玉米粉。

5 放入在里面刷了黄油的直径10cm的慕斯圈。

6 进行40～50分钟的二次发酵，体积增大至模上端。

7 用另外一个平盘盖在上面。

8 连上面盖着的平盘一起置于180℃预热的烤箱中，烘烤15分钟。

9 小心脱模，移至冷却架冷却。

花式
面包 9

蒜蓉培根帕尔玛干酪饼

橄榄和培根装饰的清香的面包——帕尔玛干酪。蒜蓉和培根的特别组合中，加入帕尔玛干酪粉，绝妙口味的蒜蓉培根帕尔玛干酪饼就制成啦。

180℃ 15～20分钟 ★

食材：（2个）

高筋粉 300g	水 180g
即发酵母粉 6g	培根 70g
盐 3g	蒜蓉 20g
细砂糖 12g	黑橄榄 20g
橄榄油 30g	

⊙佐料

橄榄油 适量　　帕尔玛干酪粉 适量

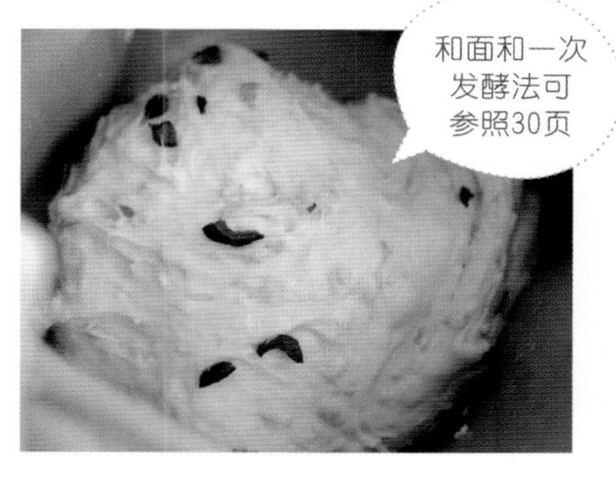

1 培根、蒜蓉、黑橄榄切碎，掺入将要和好的面团，混合均匀。

2 把面团置于碗中，覆上保鲜膜，进行一次发酵50分钟，使体积增至原来的2倍。

3 发酵结束后，把面团2等分，揉成圆形，并使表面光滑。

4 移至烤盘，用手掌按成厚度为1.5cm的圆形。

5 不经中间发酵，直接进行40～50分钟的二次发酵。

6 发酵结束后，面胚表面充分刷一层橄榄油。

7 用手指均匀扎若干小孔，撒上适量帕尔玛干酪粉。

8 放入预热温度为180℃的烤箱，烘烤15～20分钟。

Part 2

以简单易懂的制法而出名的英景，公开了最简单的三明治制法，用第一部分美爱烤制的面包来做各式各样的三明治吧，可当早餐，做午餐也不错哦。精美地包装起来，野餐的话，一定会给郊游增添不少情调的。闲暇时光，沙拉也是必不可少的美味呢。

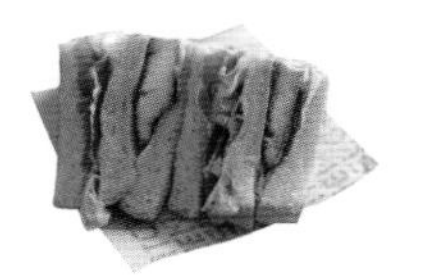

三明治＆沙拉

吐司面包
三明治 1

早餐面包三明治

忙碌的早晨，通常来不及做早饭，简单地用烤面包、煎鸡蛋和培根来做顿简单的早饭吧，如果再加上牛奶或果汁，那就更丰盛了。

不用烤箱 ★

食材：（2个）

面包 2片
鸡蛋 2个
培根 3～4片
盐 少许
黑胡椒 少许
食用油 少许

1 把面包片放在平底锅中，用黄油煎至金黄。

2 煎鸡蛋。

3 培根烤脆，放在厨房纸上，去油。

奶酪火腿卷三明治

介绍一种造型精美的三明治，把奶酪片和火腿卷起来制成的奶酪火腿卷三明治，可以外出时或为孩子带盒饭而准备。

不用烤箱 ★

食材：（4个）

面包 4片
奶酪片 4片
火腿片 4片
沙拉酱 少许

1 把面包边切去，用擀面杖擀扁一些。

2 抹上沙拉酱，放上奶酪片和火腿片。

3 卷起来，覆上保鲜膜，定型。

土豆泥三明治

土豆泥和蔬菜制成的三明治，儿时母亲做的三明治就是这种吧？虽然是家常三明治，却对它有着最深的感情，一起来做吧！

不用烤箱 ★

面包 4片	沙拉酱 2～3大匙
土豆 2个	盐 少许
胡萝卜 半个	黑胡椒 少许
墨西哥辣椒 4个	

1 把面包片放在平底锅中，用黄油煎至金黄。

2 土豆去皮煮熟后，趁热捣碎。

3 捣碎的土豆泥中，放入沙拉酱，盐，黑胡椒。

4 放入切碎的墨西哥辣椒和胡萝卜。

5 把土豆泥，胡萝卜和墨西哥辣椒搅拌均匀。

6 面包片上放满5的土豆泥。

7 把另一片面包放在上面，边缘切干净后，切成适宜食用的大小。

鸡蛋香肠三明治

美味又营养的鸡蛋和香肠放在奶酪片上，放到烤箱中烘烤，趁热吃更美味。

180℃ 5分钟 ★

食材：（2个）

面包 2片
沙拉酱 2大匙
芥菜籽 1小匙
黑胡椒 少许
熟鸡蛋 2个
奶酪片 2片
香肠 2个
圣女果 4个

1 把沙拉酱、芥菜籽、黑胡椒混在一起，拌匀。

2 面包抹上酱，放1张奶酪片，摆好鸡蛋、香肠、圣女果。

3 放入预热温度为180℃的烤箱，烘烤5分钟，上色即可。

橄榄鸡肉三明治

吐司面包
三明治 5

有时会剩几块没吃的鸡肉吧？可用剩下的鸡肉做成美味的三明治，稍微加工，就变身成比只是夹鸡肉更诱人的美食。

180℃ 5分钟 ★

食材：（6个）

面包 6片
炸鸡 4块
墨西哥辣椒 3大匙
橄榄 6粒
马苏里拉奶酪 少许
沙拉酱 2大匙
芥菜籽 2大匙

1 炸鸡切成适中大小，墨西哥辣椒切碎，橄榄切成圆圈形。

2 面包抹上沙拉酱、芥菜籽、放上其他的食材。

3 放入预热温度为180℃的烤箱中，烘烤5分钟。

不用烤箱 ★★

食材：（1个）

面包 3片	奶酪片 1片
鸡胸肉 1块	沙拉酱 少许
培根 2片	芥菜籽 少许
西红柿 1/2个	盐 少许
西生菜 2片	黑胡椒 少许

总汇三明治

三明治的代名词——总汇三明治，食材有鸡胸肉、西红柿、各种蔬菜、培根和奶酪片，营养丰富、美味可口，可以代替正餐。

1 把鸡胸肉划刀口，撒上盐和黑胡椒。

2 烤成黄色。

3 把培根烤一下，去油，西生菜叶撕成一定大小，把西红柿切成圆片。

4 烤好的一片面包片上，抹上沙拉酱。

5 面包片上放西生菜叶，再放鸡胸肉。

6 放上奶酪片。

7 另一片面包片抹了沙拉酱的一面，贴在奶酪片，放在上面后，抹上芥菜籽，再放上西生菜叶和培根。

8 最后放上西红柿。

9 把剩下的面包片放在最上面。

烤肉三明治

用有韧劲的猪肉加上烤肉酱的完美搭配制成的三明治，鲜香可口，独具风味，用牛肉代替猪肉，更美味。

不用烤箱 ★★

食材：（2个）

面包 2片
洋白菜 少许
奶酪片 1片
沙拉酱 少许
猪肉 2块
淀粉 3 大匙
清酒 2大匙
盐 少许
黑胡椒 少许
植物油 少许

⊙酱汁

番茄酱 1大匙
烤肉酱 1大匙
辣酱油 1大匙

1 猪肉撒上清酒、盐、黑胡椒，入味后，稍沾些淀粉。平底锅中倒入植物油，把猪肉煎成黄色。

2 把番茄酱、烤肉酱、辣酱油混合拌匀，待用。猪肉熟了后，把酱汁放在锅中，稍微熬一下。

3 面包稍微煎一下，抹上适量沙拉酱，放上洋白菜丝、猪肉和奶酪片，把另一半面包盖在上面。

炸猪排三明治

平时只是把猪肉当菜肴来做，现在让我们一起用猪肉来做三明治吧，烤猪肉加上洋白菜，真是完美搭配的一道美食。

不用烤箱 ★★

食材：（2个）

猪肉 4块
盐 少许
黑胡椒 少许
面包 4片
鸡蛋 1个
清酒 少许
面粉 少许
面包糠 适量
食用油 适量
沙拉酱 少许
洋白菜丝 适量
猪肉酱 适量

面包糠的制法请参照173页

1 猪肉撒上清酒、盐、黑胡椒，使其入味30分钟。把面粉、蛋液、面包糠先后裹在猪肉上。

2 平底锅中多倒些食用油，把猪肉炸成黄色。

3 在微煎的面包上抹沙拉酱，一片面包放上洋白菜丝和猪肉，浇上猪肉酱后，盖上另一片面包。

苹果杏仁吐司

秋天苹果成熟的季节，咬一口，又酸又甜的滋味传遍全身，心情愉悦，好像苹果派一样，来一起做简单的苹果吐司吧，加上酥香的杏仁，更美味可口。

180℃ 8分钟 ★

食材：（2个）

奶油奶酪 2大匙
枫叶糖浆 1大匙
黄油 1小匙
谷物面包 2片
苹果 1/2个
杏仁 15～20个
红砂糖 2大匙
肉桂粉 少许
黄油 少许

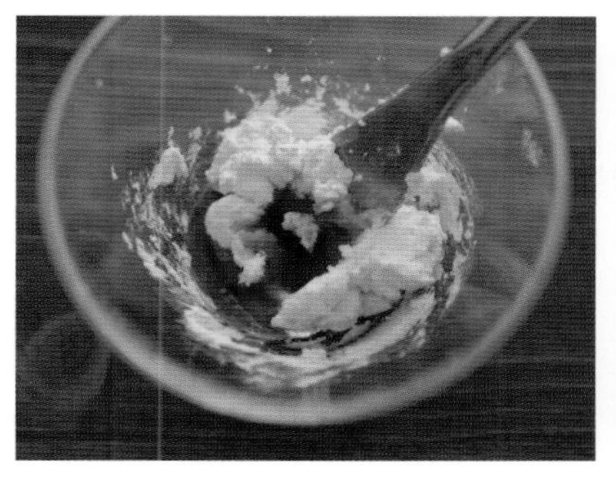

1 把常温下的奶油奶酪和黄油低速轻轻搅匀，放入糖浆。

2 搅成奶油状。

3 在谷物面包片上，放上2。

4 苹果洗干净，连皮切成0.5～0.8cm厚的片。

5 整齐放在面包片上。

6 把杏仁捣碎，放入红砂糖、肉桂粉，拌匀。

7 苹果上，撒6的杏仁碎。

8 黄油块均匀撒在上面。

9 放入预热温度为180℃的烤箱中，烘烤8分钟，最后，按自己的口味，也可洒些蜂蜜。

香蕉吐司

香蕉吐司，更加香甜，风味独特，再加上肉桂粉，真是完美的搭配，一起来分享香甜可口的香蕉吐司美食吧！

200℃ 5分钟 ★

食材：（2个）

面包 2片
香蕉 2个
橙子酱 少许
草莓酱 少许
肉桂粉 少许

1 把香蕉去皮，切成1.5cm厚的小块。

2 分别抹上橙子酱、草莓酱。

3 在抹好酱的面包片上，摆上香蕉块，撒上肉桂粉，放入预热温度为200℃的烤箱中，烘烤5分钟。

迷你西兰花三明治

迷你西兰花三明治的外形真的很可爱，西兰花营养丰富，若搭配多种蔬菜，味道更佳。

200℃ 10分钟 ★

食材：（3个）

面包 3片
西兰花 1/3个
火腿 适量
鸡蛋 1个
盐 少许
黑胡椒 少许
沙拉酱 1大匙
芥菜籽 1小匙

1 把面包边缘剪去，抹上沙拉酱、芥菜籽，碗中放入鸡蛋、盐、黑胡椒，搅打。

2 在麦芬模中，铺好面包片，倒入少量蛋液，放入火腿和焯好的西兰花。

3 放入预热温度为200℃的烤箱中，烘烤10分钟。

街头吐司

总是想起偶尔在街边买的吐司，在面包中夹入放了多种蔬菜的煎鸡蛋和番茄酱，用料普通但美味可口的吐司，快来品尝吧！

不用烤箱 ★★

食材：（2个）

洋白菜 1/8份
洋葱 1/2个
香菇 1个
青椒 1/2个
红椒 少许
鸡蛋 2个
盐 少许
黑胡椒 少许
玉米（罐装）3大匙
面包 4片
黄油 少许
食用油 适量
草莓酱 少许
番茄酱 少许
沙拉酱 少许
火腿片 2片
奶酪片 2片

1 把洋白菜、洋葱、青椒、香菇切碎。

2 放入鸡蛋，拌匀，加入盐和黑胡椒，入味。

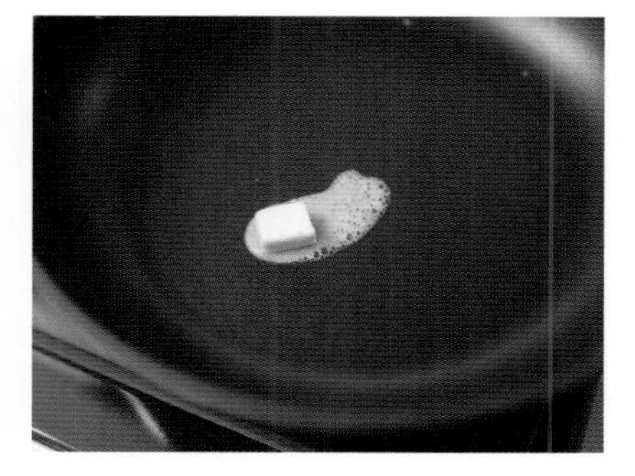

3 用热锅，使黄油融化。

4 把面包片两面都烤一下。

5 锅中倒入食用油，放入2的蔬菜鸡蛋。

6 在其中一片面包上抹草莓酱，另一片抹番茄酱和沙拉酱。

7 在6的2片面包上，分别放上奶酪片和火腿片。

8 放上5的煎鸡蛋。

9 盖上另一片面包，切成适中大小。

奶酪火腿三明治

奶酪沙司火腿三明治是法国女工的最爱，放了多种奶酪的面包，在炉上热一下，奶酪融化后，热腾腾又很有黏性，是犒劳一天辛苦劳作的理想食品。

180℃ 10～15分钟 ★★

食材：（2个）

面包 4片	面粉 1大匙
多种奶酪 适量	牛奶 200g
火腿片 2片	盐 少许
黄油 30g	黑胡椒 少许

1 把多种奶酪切成片或捣碎。

2 用热锅把黄油融化，放入面粉，边刮边炒后，放入牛奶，制成奶油沙司，最后撒上盐、黑胡椒。

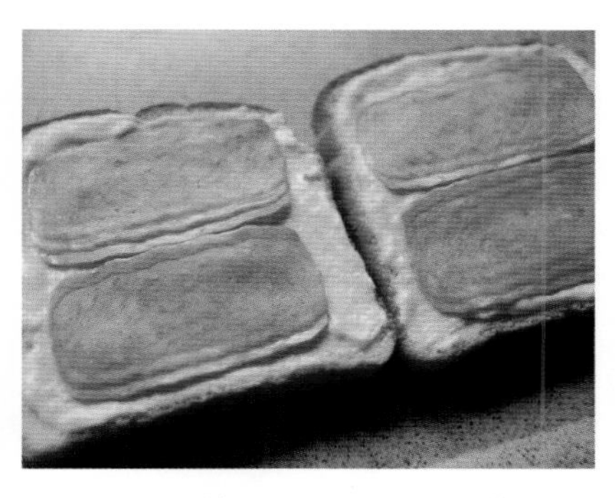

3 在两片面包上抹2，放上火腿片。

4 放上多种奶酪。

5 盖上剩下的一片面包，再抹上奶油沙司。

6 把剩下的奶酪切碎放在上面。

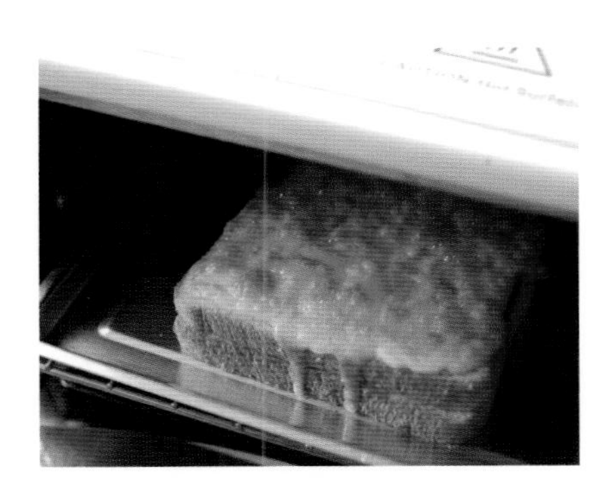

7 放入预热温度为180℃的烤箱中，烘烤10～15分钟。

吐司面包
三明治 14

咖喱鸡肉吐司

用清淡的鸡胸肉和对健康有益的杏仁制成的一种特别风味的吐司，聚会或待客时做休闲食物，也是不错的选择。

不用烤箱 ★

食材：（2个）

面包 2片
培根 2片
杏仁 1把
橄榄油 适量
咖喱粉 2大匙
沙拉酱 少许
鸡胸肉 2块
盐 少许
黑胡椒 少许
清酒 少许

1 把鸡胸肉切成块，放入盐、黑胡椒、清酒，腌制，入味。

2 锅内放橄榄油，把切碎的培根、鸡胸肉和杏仁，撒上咖喱粉，熟至呈黄色。

请于吃之前点缀沙拉酱

3 在面包片上放2的鸡胸肉，用沙拉酱做装饰。

意大利火腿百吉饼三明治

可口的意大利火腿、奶油奶酪和百吉饼，想想都要流口水，下面将介绍可当正餐的意大利火腿百吉饼三明治。

180℃ 3分钟 ★

食材：（2个）

百吉饼 2个
意大利火腿 4片
酸黄瓜 适量
蔬菜 适量
马苏里拉奶酪 4片
奶油奶酪 2大匙
沙拉酱 2大匙
芥末 适量
芥菜籽 1大匙
辣酱油 1小匙
枫叶糖浆 1小匙

1 把切开的百吉饼在烤箱中稍微烤一下，抹上奶油奶酪。

2 沙拉酱、芥末、芥菜籽、辣酱油和枫叶糖浆拌匀，制成沙司。

3 百吉饼上放火腿、马苏里拉奶酪、酸黄瓜等，淋上2的沙司。

西红柿火腿百吉饼三明治

黏韧的百吉饼和奶油奶酪是完美搭配，刚出炉时更美味可口，来一起和所爱的家人朋友分享吧。

180℃ 5分钟 ★

食材（2个）

百吉饼 2个
奶油奶酪 4大匙
洋葱 1/2个
西红柿 1个
火腿片 6片
奶酪片 2片

1 把百吉饼切成2半。

2 放在烤箱中烤至呈黄色，抹奶油奶酪。

3 洋葱切成圆片，泡在水中，除去辣味。

4 西红柿切片，放在厨房纸上去水分。

5 把火腿在烤箱中稍微烤一下，把其中一片放在百吉饼上，上面再放西红柿。

6 再放上2片火腿。

7 依次放奶酪片和洋葱，最后把剩下的百吉饼盖在上面。

百吉饼
三明治 3

奶酪核桃百吉饼三明治

大家都喜欢吃坚果吧？把益于健康的核桃、杏仁、碧根仁捣碎，加入奶油奶酪，拌匀，夹在热的百吉饼中，风味独特的美食就做好了。

不用烤箱 ★

食材：（2个）

百吉饼 2个
核桃 20g
杏仁 20g
碧根仁 20g
奶油奶酪 100g
枫叶糖浆 20g

1 在切碎的坚果中加入奶油奶酪和枫叶糖浆。

2 拌匀。

3 在微煎的百吉饼上抹2的奶油奶酪，把另一半百吉饼盖在上面。

金枪鱼牛角面包三明治

本来就酥脆可口的牛角面包，也可做成家人爱吃的三明治，加入金枪鱼和黄瓜，口味清爽又益于健康，一起来做吧！

不用烤箱 ★

食材：（8个）

金枪鱼（罐头）1盒
黄瓜 1/2个
洋葱 1/2个
玉米粒（罐装）3大匙
沙拉酱 4大匙
迷你牛角面包 8个
生菜 适量

1 金枪鱼去油，黄瓜和洋葱切碎。

2 金枪鱼、洋葱、黄瓜、玉米粒、沙拉酱混在一起拌匀。

3 在牛角面包一面，放生菜和适量的2，另一半面包盖在上面。

牛角面包三明治 2

蟹肉牛角面包三明治

放入黄瓜、洋葱和蟹肉而制成的清淡爽口的蟹肉三明治，深受女性的喜爱，边和朋友聊天，边做一份蟹肉三明治吧！

不用烤箱 ★

食材：（4个）

蟹肉 4条
黄瓜 1/2个
洋葱 1/2个
沙拉酱 3大匙
黄油 2大匙
迷你牛角面包 4个
生菜 适量

1 黄瓜、蟹肉切成丝，洋葱切碎，放入沙拉酱拌匀。

2 牛角面包一面抹黄油。

3 放上生菜和拌好的沙拉，另一半牛角面包盖在上面。

鸡蛋牛角面包三明治

牛角面包三明治 3

炒鸡蛋和牛角面包的完美组合，可当周日的午餐，也可和上午的阳光搭配哦。

不用烤箱 ★

食材：（2个）

鸡蛋 2个
牛角面包 2个
盐 少许
黑胡椒 少许
生菜 适量
奶酪片 2片
番茄酱 少许
植物油 适量

1 鸡蛋中加入盐和黑胡椒少许。充分搅打。

2 平底锅中倒入植物油，进行炒鸡蛋。

3 面包上放生菜、奶酪片、炒鸡蛋，并淋少许番茄酱。

手制迷你小汉堡

自制汉堡很受欢迎，而且比在外面买的更卫生美味，用早餐面包即可轻松地制作了。

不用烤箱 ★★★

早餐面包 4个
奶酪片 4片
生菜 适量
西红柿 1/2个
芥末 少许
猪肉馅 300g
牛肉馅 200g
黑胡椒 1小匙
咖喱粉 1小匙
清酒 2大匙
洋葱末儿 1个份
黄油 1大匙
鸡蛋 1个
面包糠 1～2把
香脂醋 1大匙
烤肉酱 1大匙
番茄酱 2大匙
水 2大匙
橄榄油 适量

1 用平底锅把黄油融化，放入切碎的洋葱，炒至褐色。

2 在碗中放入猪肉、牛肉、黑胡椒、咖喱粉、清酒。

3 放入炒好的洋葱、面包糠、鸡蛋，搅拌揉和成团。

4 装入保鲜袋，置于冰箱中30分钟～1小时。

5 把胚料取出，制成手掌大小的肉饼。

6 把香脂醋、烤肉酱、番茄酱、水混在一起，调匀，制成酱汁待用。

7 把锅烧热，放入橄榄油，肉饼煎熟。

8 在锅中，放入6的酱汁，收汁。

9 在切开的面包上，依次放生菜、肉饼、奶酪片、西红柿片和芥末，盖上另一半面包。

早餐面包
三明治 2

红薯早餐面包三明治

我很喜欢红薯，经常想为什么没有红薯三明治呢，于是亲手试作了夹入红薯和杏仁的香甜可口的三明治，成功啦！

不用烤箱 ★

食材：（2个）

红薯 2个
杏仁碎 少许
早餐面包 2个

1 把红薯煮熟，去皮。捣碎，放入杏仁碎，拌匀。

2 把早餐面包切成两半。

3 多夹入些1的红薯。

香肠洋葱三明治

喜欢炒洋葱时会散发出的独有香气吧？炒洋葱时，加入食醋，再加入香肠和芥末继续翻炒，炒好后，夹入长棍面包，美味的香肠洋葱三明治就做好啦！

180℃ 3分钟 ★

食材：（2个）

小型长棍面包 2个
法式香肠 2个
洋葱 1个
蒜 2瓣
香脂醋 1大匙
黄油 适量
植物油 适量

1 在法式香肠上切刀花，烤至呈诱人的黄色。

2 用植物油把洋葱和蒜微炒一下，略熟时，放入香脂醋。

3 在微烤的长棍面包上，放上洋葱和香肠，淋适量黄油。

茄子香菇三明治

有时家里来了客人，拿出葡萄酒招待时，片刻工夫做一份茄子蘑菇三明治，既简单又美味。

不用烤箱 ★

长棍面包 1个
橄榄油 2大匙
蒜末 1小匙
茄子 1个
香菇 适量
圣女果 4个
盐 少许
黑胡椒 少许
橄榄油 适量

1 长棍面包切成2cm厚，碗中放入橄榄油和蒜末，拌匀。

2 在面包上抹上拌好的橄榄油和蒜末。

3 把茄子和香菇切成1cm小块。

4 在锅中倒入橄榄油，把3的茄子和香菇稍微炒一下。

5 圣女果切成两半。

6 在平底锅或烤箱中把切好的长棍面包烤脆。

7 在面包上，放上茄子、香菇、圣女果。

长棍面包
三明治 3

法式吐司

小时候，妈妈偶尔做的一种面包，抹上牛奶和蛋液烤制而成，后来才发现，那原来是法式吐司，虽然制作简单，但又重温了一遍那遥远的记忆。

不用烤箱 ★

食材：（多个份）

长棍面包 1个
鸡蛋 2个
牛奶 200ml
细砂糖 1大匙
盐 少许
植物油 适量

1 碗中放入鸡蛋、牛奶、细砂糖、盐，拌匀。

2 把切块的长棍面包在1中蘸一下，捞出。

3 把平底锅烧热，倒入植物油，把2的上下面烤至呈黄色。

奶酪夏巴塔三明治

黏韧的夏巴塔三明治在有名的三明治专卖店很受人欢迎，清淡的面包中，夹入各种奶酪片和西红柿而制成的三明治。放入干的西红柿，会更香甜可口。

200℃ 10～15分钟 ★

食材：（1个）

夏巴塔 1个
马苏里拉奶酪 4块
多种奶酪 适量
西红柿干 适量
橄榄油 适量

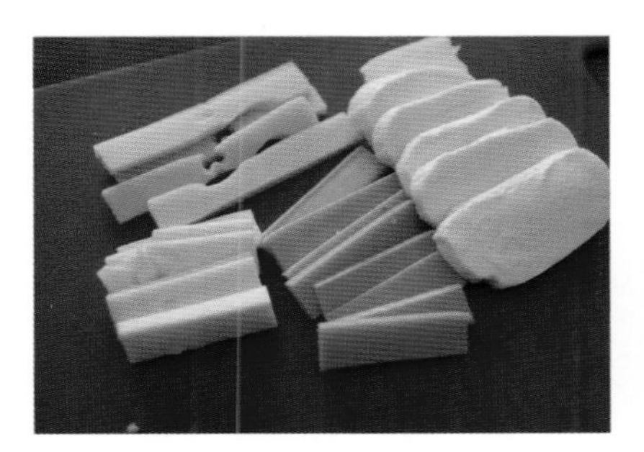

1 把奶酪切成片，待用。

西红柿干
制作方法
参照169页

2 在夏巴塔切面，放上马苏里拉奶酪和干西红柿。

3 放上奶酪，盖上另一半夏巴塔，放入预热温度为200℃的烤箱中烘烤10～15分钟。

200℃ 5～10分钟 ★★

食材：（1个）

夏巴塔 1个
芥菜籽 2小匙
多种蘑菇 适量
蒜 3瓣
马苏里拉奶酪 适量
奶酪片 2片
西红柿干 适量
橄榄油 适量

Tip

蘑菇有多种：平菇、香菇和杏鲍菇等，可选择自己喜爱的口味备好待用。

蘑菇夏巴塔三明治

我很喜欢吃蘑菇，有时用蘑菇做三明治，有时直接做菜，夹入多种蘑菇的三明治，更美味可口。

1 把夏巴塔切成两半。

2 把多种蘑菇切成丝或片。

3 平底锅中倒入橄榄油，大蒜切片，炒至变色。

4 放入2的蘑菇，翻炒。

5 在夏巴塔切面抹上芥菜籽，放上奶酪片。

6 放上炒好的蘑菇。

7 放上适量西红柿干儿和马苏里拉奶酪。

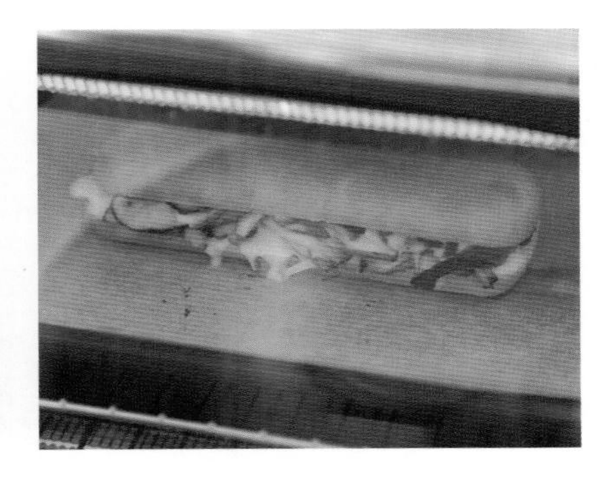

8 把剩下的夏巴塔盖在上面，放入预热温度为200℃的烤箱中烘烤5～10分钟。

Tip
西红柿干制作方法参照169页。

烤肉夏巴塔三明治

烤肉是韩国人喜爱的菜肴之一，和奶酪一起夹入三明治，更是一道美食，也可当正餐。

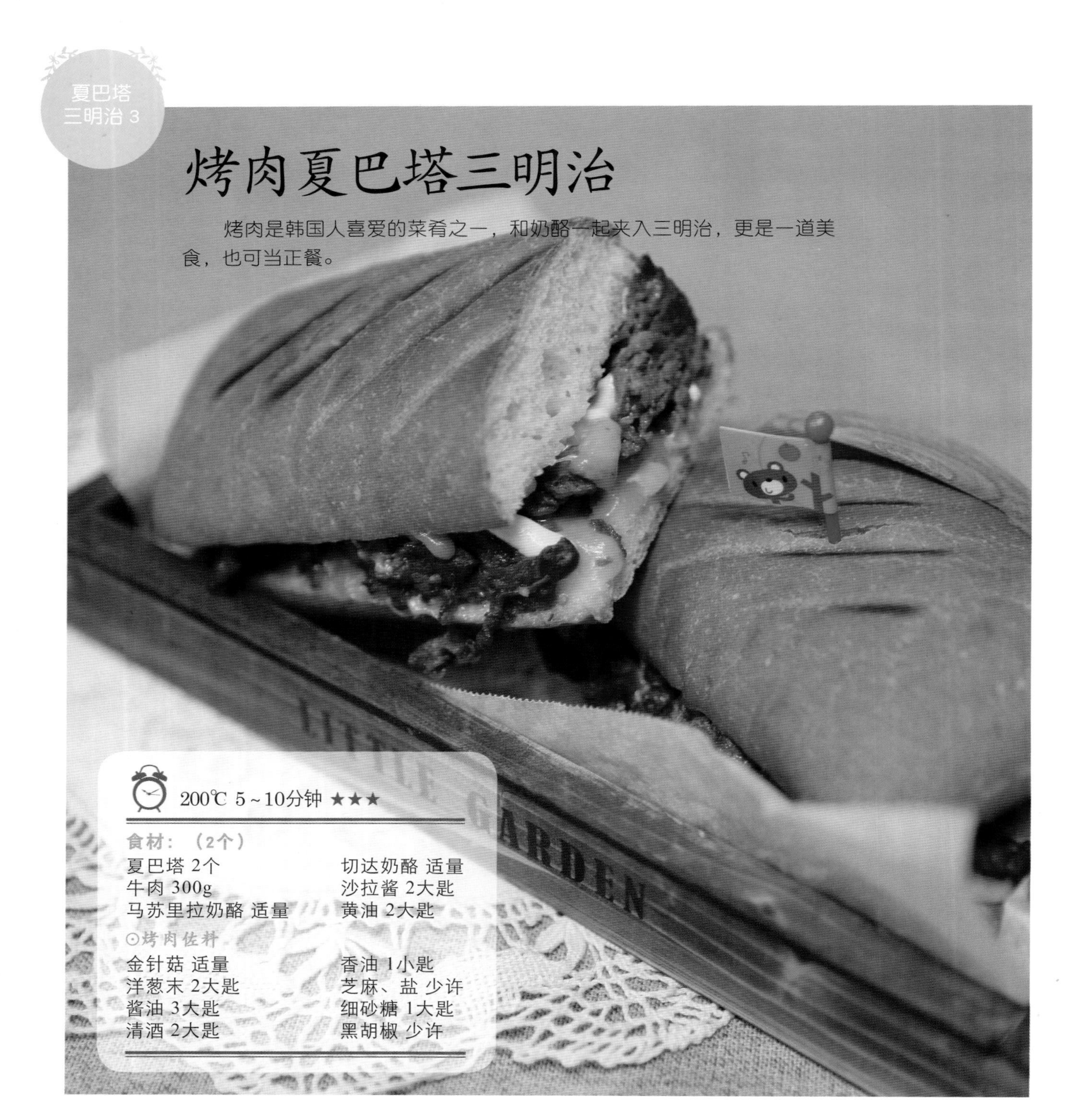

200℃ 5～10分钟 ★★★

食材：（2个）

夏巴塔 2个
牛肉 300g
马苏里拉奶酪 适量
切达奶酪 适量
沙拉酱 2大匙
黄油 2大匙

⊙烤肉佐料

金针菇 适量
洋葱末 2大匙
酱油 3大匙
清酒 2大匙
香油 1小匙
芝麻、盐 少许
细砂糖 1大匙
黑胡椒 少许

1 在碗中放入牛肉和所有烤肉佐料。

2 一点点搅拌均匀，放置30分钟～1小时。

3 把马苏里拉奶酪和切达奶酪切成如图形状。

4 在平底锅中炒牛肉。

5 在碗中放入黄油和沙拉酱，搅拌均匀。

6 夏巴塔切两半，抹适量的5。

7 放上炒好的牛肉和奶酪。

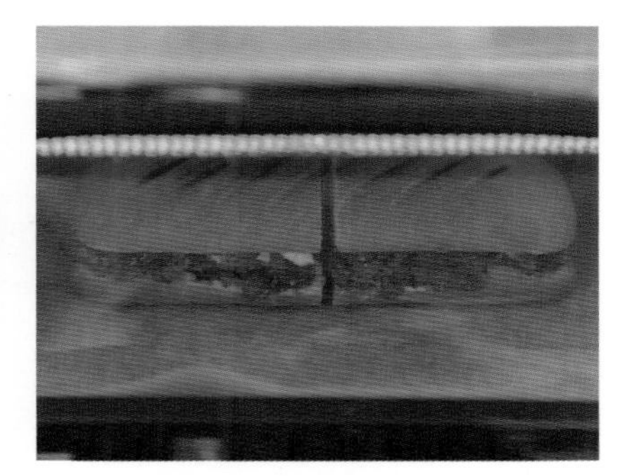

8 把另一半夏巴塔盖在上面，放入预热温度为200℃的烤箱中烘烤5～10分钟。

西红柿茄子奶酪三明治

甘甜的西红柿和清淡的茄子，和黏黏的马苏里拉奶酪一起，放于烤箱中烤制而成的三明治。风味独特，放入多种奶酪更美味。

180℃ 5~10分钟 ★★

食材：（1个）

谷物面包 1个	橄榄油 1小匙
茄子 1/2个	盐 少许
西红柿干 5~6片	黑胡椒 少许
马苏里拉奶酪 适量	橄榄油 适量

1 把茄子切成长条，厚度为0.5～0.7cm，在倒了橄榄油的锅中，稍微煎一下，撒上黑胡椒。

2 把谷物面包切成两半，放上切好的马苏里拉奶酪。

3 放上一条茄子。

4 放上西红柿干。

5 再放上些马苏里拉奶酪。

6 放上剩下的茄子。

7 盖上另一半谷物面包片。

8 放到预热180℃的烤箱中，烘烤5～10分钟。

墨西哥夹饼三明治

把虾和鱿鱼及各种蔬菜放在西红柿寿司中炒，夹入墨西哥薄饼，亲手为家人制作在饭店常点的美食吧！

200℃ 10分钟 ★

食材：

虾 10只	香菇 5个
鱿鱼 1/2只	玉米粒（罐装）3大匙
青椒 1/2个	马苏里拉奶酪 适量
红椒 1/2个	墨西哥薄饼 2张
洋葱 1/2个	植物油 1大匙

番茄酱（或意大利面酱）150g

○腌料

盐 少许	清酒 1大匙
黑胡椒 少许	

1 把洋葱、青椒、红椒和香菇切成丁。

2 把虾和鱿鱼收拾干净，切成2cm厚的小块，放入盐、黑胡椒、清酒，腌一会入味。

3 在平底锅中倒入植物油，放入鱿鱼和虾，翻炒后，再放入1的所有原料，继续翻炒片刻后，放入番茄酱。

4 在意大利薄饼上，先铺放马苏里拉奶酪，再放上3的食材。

如无烤箱，也可用锅来代替。

5 再撒上马苏里拉奶酪，用另一张意大利薄饼盖上后，放入预热为200℃的烤箱中，烘烤10分钟。

烤蘑菇沙拉

蘑菇营养丰富，烤得鲜香的各种蘑菇掺入沙拉，不仅卡路里低，而且口味清淡，可以达到减肥的效果。

200℃ 10分钟 ★

杏鲍菇 2个
香菇 1把
口蘑 3个
沙拉蔬菜 适量
植物油 适量

⊙沙拉酱

酱油 1大匙
橄榄油 1大匙
细砂糖 1小匙
芝麻粒 1小匙
辣椒末 1小匙

1 准备多种蘑菇，切成适中大小。

2 碗中放入所有沙拉食材，拌匀。

3 锅中倒入少许植物油，把蘑菇稍微炒一下。

4 把沙拉蔬菜切成一口大小，放入炒好的蘑菇和沙拉，拌匀。

Special Tip

制作简单的西红柿干

1. 把西红柿切半，通常去籽后切成薄片。
2. 在烤盘中铺硅油纸，把西红柿片摆放整齐。
3. 放入预热为 100 ~ 120℃的烤箱中，烘烤 5 分钟至干燥。

Tip 最好使用对流加热烤箱的对流加热功能。

混合
沙拉 2

卡布里沙拉

如果光顾有名的意大利餐厅，必点的菜就是马苏里拉奶酪和圣女果制成的卡布里沙拉，简化步骤，做合自己口味的美食。

不用烤箱 ★

食材：

马苏里拉奶酪 100g
圣女果 1把
沙拉蔬菜 适量

⊙沙拉酱

蜂蜜芥末 1大匙
芥菜籽 1小匙
蜂蜜 1小匙
香脂醋 1小匙

1 把马苏里拉奶酪切成1cm的大小。

沙拉蔬菜可根据个人口味选择

2 把沙拉蔬菜洗净，控干水分，放入所有沙拉食材。

培根蔬菜沙拉

加入烤得酥脆的培根制成的沙拉，不喜欢吃肉的朋友也很喜欢。

不用烤箱 ★

食材：

培根 4片
沙拉蔬菜 适量
圣女果 适量

⊙沙拉酱

香脂醋 1大匙
橄榄油 2匙
芥菜籽 1小匙

1 圣女果切半，把沙拉蔬菜洗净，控干水分，培根切成小片，稍微炒一下。

2 把炒好的培根放在厨房纸上，去油后，放入沙拉蔬菜、圣女果、培根，用沙拉酱拌匀。

混合
沙拉 4

香鸡沙拉

香鸡沙拉是所有人的最爱，美味的炸鸡、蔬菜和沙拉酱，真是完美的搭配。

不用烤箱 ★

食材：

鸡胸肉 2块
盐 少许
黑胡椒 少许
清酒 1大匙
淀粉 2大匙

鸡蛋 1个
面包糠 4大匙
植物油 适量
沙拉蔬菜 适量

芥菜籽 1大匙
沙拉酱 2大匙
蜂蜜 1小匙

1 把沙拉蔬菜洗净，控干水分，在鸡胸肉划若干刀口，撒上盐、黑胡椒、清酒腌制，入味。

2 依次把鸡胸肉裹上淀粉、蛋液和面包糠。

3 在平底锅中倒入植物油，炸至酥脆。

4 把沙拉蔬菜放入盘中，放上鸡胸肉，淋适量沙拉酱。

Special Tip

活用剩余面包制作面包糠

1. 把久置的面包切成若干小块。
2. 用搅拌器把面包磨碎，家制面包糠就做好了。
3. 放入自封袋，冷冻保存。

混合
沙拉 5

芦笋沙拉

芦笋富含维生素和无机质，益于健康，搭配培根，更美味可口，营养丰富。

240℃ 10分钟 ★

食材：

芦笋 4个
培根 4片
黑胡椒 少许
沙拉蔬菜 适量
※食物分量可以根据食用多少决定

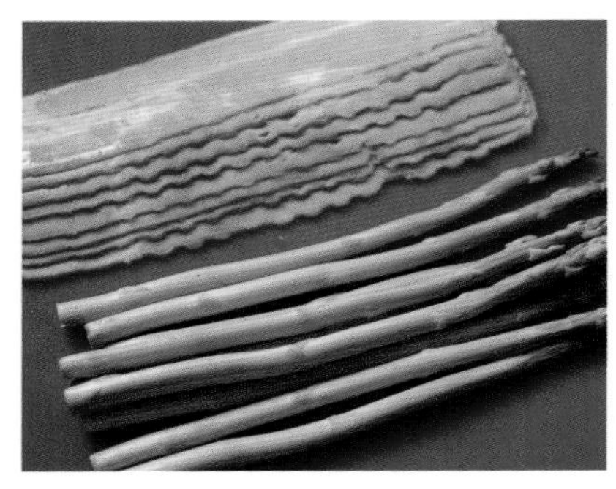

1 把沙拉蔬菜洗净，控干水分，芦笋也洗干净。

2 用培根把芦笋卷起来。

3 放入预热为240℃的烤箱中，烘烤10分钟。

海鲜沙拉

市面上有许多种类的海鲜，来制作简单的海鲜沙拉吧，和咸口的沙拉酱是一组完美搭配。

不用烤箱 ★

食材：

什锦海鲜（虾、鱿鱼、砚肉等）适量
盐 少许
黑胡椒 少许
清酒 1大匙
植物油 适量
沙拉蔬菜 适量

⊙沙拉酱

酱油 2大匙
食醋 3大匙
橄榄油 3大匙
细砂糖 1小匙
蒜末 1大匙
芥末 1小匙

1 把沙拉蔬菜洗净，控干水分，把各种海鲜收拾干净，撒上盐、黑胡椒、清酒，使之稍入味。

2 平底锅中倒植物油，把海鲜炒熟。

3 把沙拉蔬菜放入盘中，放上海鲜，淋适量沙拉酱。

Part 3

在烘焙中曲奇的制作是最简单的，把食材混合拌匀，置于烤箱中烘烤即可，可以和孩子一起做，精致包装以后，作为礼物也备受欢迎，按照慧娜的独家制法，只要换一种食材，就可出炉多种曲奇了。如果也想亲手做出世界上各种美味曲奇，就一起来挑战吧！

曲奇

香草曲奇

可以把和好的胚料冷冻起来，想吃的时候可以随时取出烘焙，和几种不同的胚料，置于冷冻室中冷冻，好像在米缸里存了许多米一样，心里很踏实，忽然有客人拜访或想赠送别人小礼物时，再适合不过了。

160℃ 20～25分钟 ★

食材：

黄油 90g
糖粉 50g
鸡蛋 25g（大约1/2份）
低筋粉 145g
香草豆荚 1/2份
盐 少许
细砂糖（滚胚料用）适量
蛋白（蛋液用）适量

Tip

冷冻曲奇表面不滚上糖直接烘烤也可，但滚上细砂糖口感更佳。只是为了外形美观，抹的蛋液和细砂糖不易过量，烘烤时融化后会影响曲奇外形。

1 低筋粉和盐一起过筛，糖粉单独过筛，除去杂质。

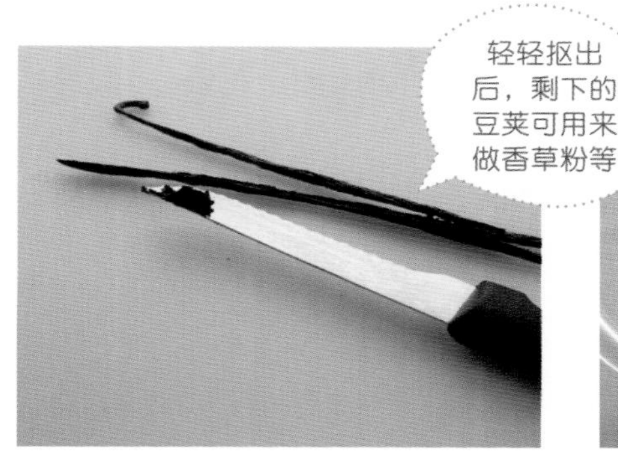

2 把香草豆荚切半，用刀背儿把籽抠出。

3 常温下，把黄油充分打发。

4 加入糖粉，搅拌至成乳状。

5 放入香草籽。

6 分2～3次加入打发好的蛋液，搅拌。

7 把碗的边缘擦净，使油脂处于碗中间，加入过筛低筋粉，用刮刀切拌。

8 把和成团的胚料用硅油纸整形成长条。

9 把硅油纸卷上，用尺子压住同时拽紧，使之成圆筒形，冷藏静置3小时以上。

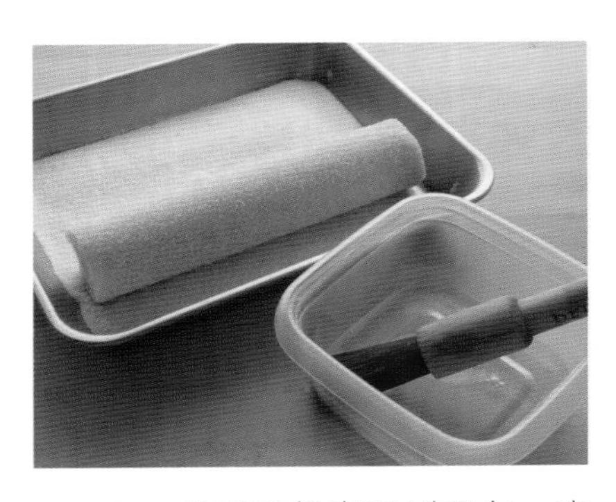

10 静置胚料表面刷蛋白，滚上细砂糖。

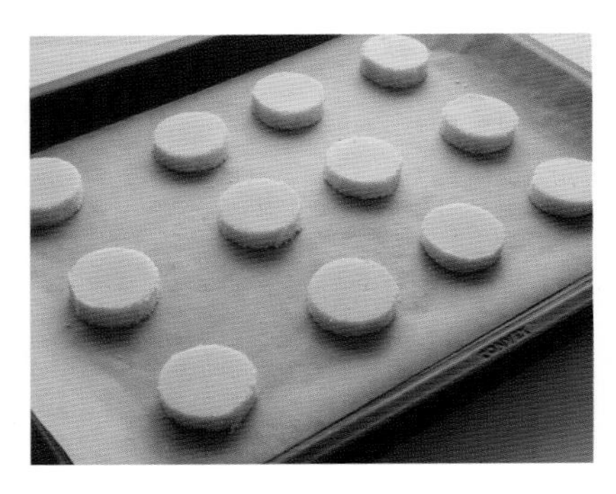

11 切成厚度为0.7～1cm的小块，以一定间距装盘，放入预热为160℃的烤箱中，烘烤20～25分钟。

12 把烤好的曲奇置于冷却网，冷却。

Bonus Menu

抹茶曲奇

160℃ 20～25分钟 ★

食材：

黄油90g，糖粉50g，鸡蛋25g，低筋粉135g，抹茶10g，盐少许，细砂糖（滚胚料用）适量，蛋白（蛋液用）适量

抹茶曲奇的制法和香草曲奇相同。把香草替换成抹茶，省略2和5中加入香草籽这一工序，1中在过筛低筋粉时，备好抹茶粉，在7中一起加入。如不用抹茶，用别的多种粉料，可制作出品种更多样的曲奇。

巧克力曲奇

没有榛仁也不必发愁，用杏仁、花生、葡萄干代替也不错哦。如果喜欢淡淡的苦味儿，可加入可可豆，口感更独具魅力。

160℃ 20～25分钟 ★

黄油 90g
糖粉 50g
鸡蛋 25g
低筋粉 125g
可可粉 20g
榛仁 30g
香草精 1/3小匙
盐 少许
细砂糖（滚胚料用）适量
蛋白（蛋液用）适量

1 把榛仁放在180℃预热的烤箱中烤5分钟，晾凉，把低筋粉和盐过筛，糖粉单独过筛，除去杂质。

2 常温下，把黄油充分打发，加入糖粉和香草精，搅拌成乳状，加入可可粉，拌匀。

3 分2～3次加入打发好的蛋液，搅拌均匀。

4 把碗的边缘擦净，使油脂处于碗中间，加入过筛低筋粉，用刮刀切拌。

5 仍现白面时，加入榛仁，搅拌直至成团。

6 用硅油纸把胚料整形成长条后，把硅油纸卷上，用尺子压住同时拽紧，使之成圆筒形，冷藏静置3小时以上。

7 静置后的胚料表面刷蛋白，滚上细砂糖。

8 切成厚度为0.7～1cm的小块，以一定间距装盘，放入预热为160℃的烤箱中，烘烤20～25分钟。

9 把烤好的曲奇置于冷却网上，冷却。

香橙曲奇

制作曲奇时，如按步骤制作，会很简单，若用柠檬或柚子代替橙子，也别具风味。

160℃ 20~25分钟 ★★

食材：

黄油 90g
糖粉 50g
鸡蛋 25g
低筋粉 145g
橙皮 1个份
盐 少许
细砂糖（滚胚料用）适量
蛋白（蛋液用）适量

1 把糖粉、低筋粉、盐混在一起，过筛。

2 在搅拌器中放入粉料，均匀掺入切成小块的黄油。

3 捣碎至奶油酥粒状。

4 加入打发好的常温蛋液和橙皮，切拌均匀。

5 搅拌直至成团后，取出。

6 用硅油纸把胚料整形成长条。

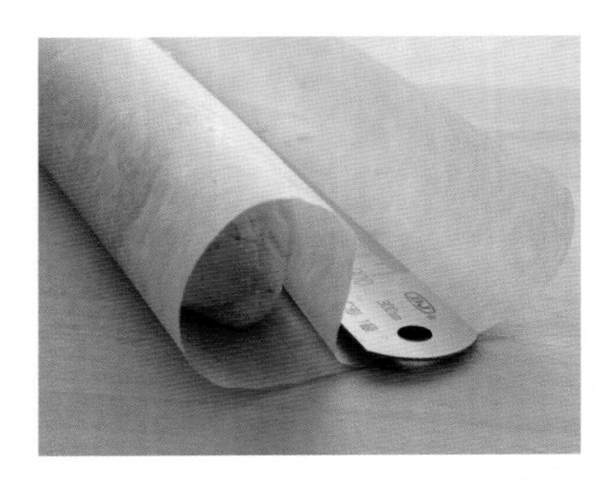

7 把硅油纸卷上，用尺子压住同时拽紧，使之成圆筒形，冷藏静置3小时以上。

8 静置后的胚料表面刷蛋白，滚上细砂糖。

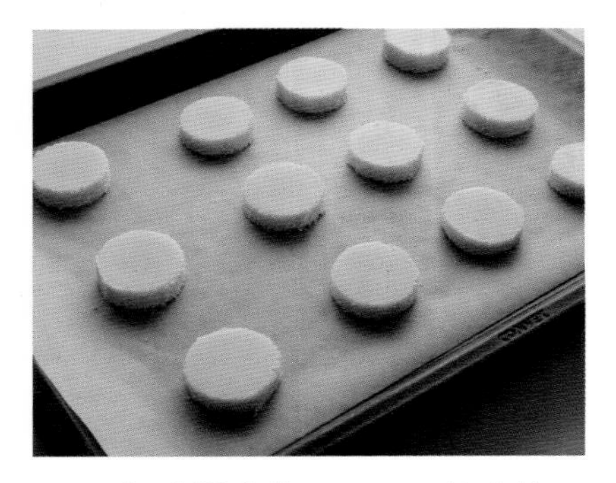

9 切成厚度为0.7～1cm的小块，以一定间距装盘，放入预热为160℃的烤箱中，烘烤20～25分钟，注意观察着色。

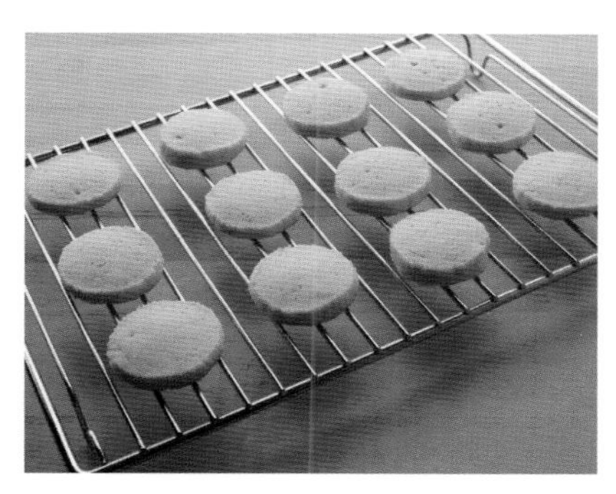

10 静置胚料表面刷蛋白，滚上细砂糖。

Bonus menu

红茶曲奇

160℃ 20~25分钟 ★★

食材：

黄油90g、糖粉50g、鸡蛋25g、低筋粉145g、红茶包1份、盐少许、细砂糖（滚胚料用）适量、蛋白（蛋液用）适量

用食品加工机来制作红茶曲奇的步骤和香橙曲奇的制作相同，用红茶代替橙子即可，也可用格雷伯爵茶和锡兰茶，制作不同风味的曲奇。

1. 把红茶包撕开，把红茶倒入研钵中，磨成粉。
2. 把红茶粉和糖粉混合均匀。
3. 下面的步骤和香橙曲奇制法相同。

方格曲奇&螺旋曲奇

方格曲奇的格子，除了横竖各2个格以外，还可制成各4个或6个，但如只追求方格样式，易忽略口感，烤出的制品可能会发硬。

160℃ 20～25分钟 ★★

食材：

⊙香草曲奇

黄油 75g
糖粉 75g
鸡蛋 25g
低筋粉 160g
盐 少许
香草精 少许

⊙巧克力曲奇

黄油 75g
糖粉 75g
鸡蛋 25g
低筋粉 140g
可可粉 20g
盐 少许
香草精 少许

⊙其他

蛋白（蛋液用）适量

方格曲奇制法

1　把香草曲奇和巧克力曲奇胚料和好后，分别静置，用擀面杖擀成1cm厚的长方形，并用刀把边缘修理整齐。

2　在一面刷蛋液，把方格曲奇和巧克力曲奇胚料摞在一起，用尺和刀2等分，颜色错开摆放，并黏合在一起。

3　把交错摆放的方格胚料置于擀成了0.2cm厚的薄片上，用保鲜膜或硅油纸包上，冷冻静置3小时以上，切成0.7cm厚的小块，装盘，放入预热温度为160℃的烤箱中烘烤20～25分钟。

螺旋曲奇制法

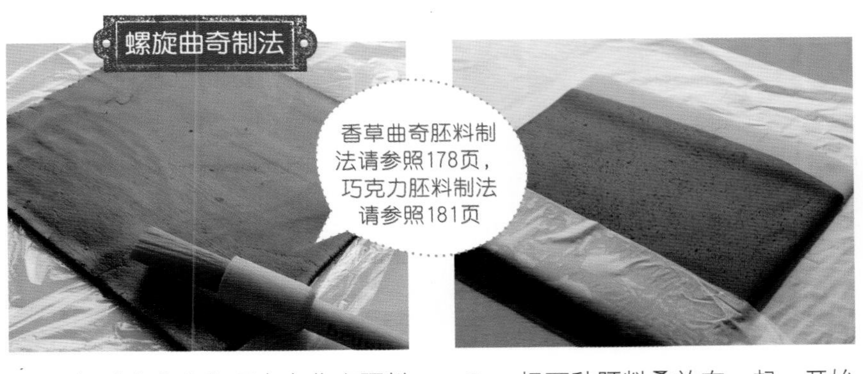

1　把香草曲奇和巧克力曲奇胚料和好后，分别静置，用擀面杖擀成0.5cm厚的长方形，并用刀把边缘修理整齐。

2　把两种胚料叠放在一起，开始卷的地方，捏合紧。

3　在巧克力胚料上刷蛋液后，像做紫菜包饭一样卷起来，冷冻静置3小时以上，切成0.7cm厚的小块，装盘，放入预热温度为160℃的烤箱中烘烤20～25分钟。

Special Tip

1. 蛋白起到黏合面团的作用，没有蛋白时，也可抹少量牛奶或水。

2. 螺旋曲奇：把放在下面的胚料擀长一些，可以制作出上面的胚料全部被包上的外形整齐的曲奇。

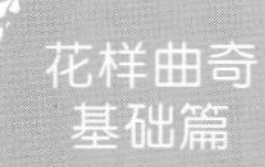

香草花样曲奇&巧克力花样曲奇

每一位家庭烘焙的初学者，最想亲手做的曲奇就是花样曲奇。虽然制作简单，但因为太注重外观，反复试着把面团揉出自己的想要的形状，反复搓揉，但越是搓揉遍数多，做出的曲奇口感越硬。

香草花样曲奇

巧克力花样曲奇

160℃ 15～20分钟 ★

食材：

⊙香草曲奇（心形曲奇模具）

低筋粉 140g
泡打粉 2g
鸡蛋 25g
糖粉 80g
黄油 80g
香草精 少许
高筋粉（铺面）适量
细砂糖（装饰用）少许

⊙巧克力曲奇（心形曲奇模具）

低筋粉 130g
可可粉 15g
泡打粉 2g
鸡蛋 25g
糖粉 80g
黄油 80g
香草精 少许
细砂糖（装饰用）少许
高筋粉（铺面）适量

1 把低筋粉、泡打粉和糖粉过筛。

2 把常温下的黄油充分搅拌。

3 黄油中放入过筛的糖粉，拌匀。

4 在充分打发的蛋液中放入香草精，分2～3次掺入面团，拌匀。

5 把碗边缘擦干净，使油脂处于碗中间。

6 放入过筛的粉料，用刮刀切拌均匀。

7 不要用刮刀过多搅拌，以免成团。

8 为防止空气进入，用保鲜膜把胚料包起来，静置3小时以上。

9 低筋粉当铺面撒在上面，边把面胚旋转90度，边擀成0.5cm厚的面皮，然后用面刷把铺面扫净。

10 模具沾些低筋粉。

11 切时尽量减少剩余面皮。

12 切成0.7cm厚度的小块，装盘，放入预热温度为160℃的烤箱中烘烤15～20分钟，注意着色。

Special Tip

1. 用细砂糖装饰

花样曲奇通常用糖衣来装饰，但糖衣的制作有些繁琐，所以就用细砂糖装饰。装盘的曲奇上，清除铺面后再撒上细砂糖，烘烤即可。用比一般细砂糖颗粒稍大的晶莹透明的粗砂糖来装饰，更美观。

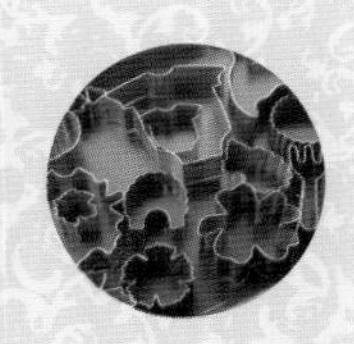

2. 如何存放曲奇模具

曲奇模具如存放不当，易生锈，所以切完后，用湿抹布或清水洗净，待干后再存放起来。烤曲奇期间，擦拭干净，曲奇出炉后，把模具放入有余温的烤箱，除去水分。若不喜欢不锈钢材质易生锈，可以选用塑料材质的模具。

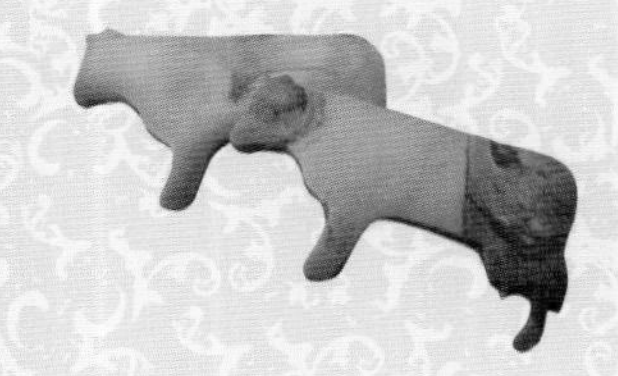

简易菜单 花牛曲奇

用模具切出曲奇形状后，通常还剩些边角面皮。可掺入巧克力和香草面胚，搅拌成大理石的纹理后，即可制成形状有趣的曲奇了。但在和面的过程中，如掺太多巧克力，制品会很硬，面胚颜色不会发生变化，所以把面胚稍微和一下即可。

红茶花样曲奇

阳光明媚的秋日午后，下午茶时间的黄金拍档。糖粉和红茶先混合拌匀，散发的香气越浓，制品越美味。其中格雷伯爵茶最佳。

150℃ 15～20分钟 ★

食材：（元宝形模具）

低筋粉 140g
红茶包 1个
泡打粉 2g
鸡蛋 25g
糖粉 80g
黄油 80g
香草精 少许
高筋粉（铺面）适量

1 把红茶袋撕开，倒入研钵中，磨成细粉。

下面的步骤同188页香草花样曲奇制法

2 把红茶粉掺入糖粉中，放置一个晚上，让香气充分混合，这样制品更美味可口。

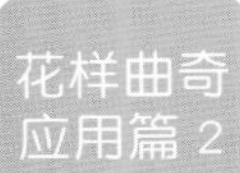

170℃ 15～20分钟 ★

食材：（姜饼人模具）

中筋粉 135g
生姜粉 5g
肉桂粉 2g
肉豆蔻粉 1g
可可粉 10g
泡打粉 1g
黄油 55g
黄砂糖 40g
糖稀 45g
鸡蛋 1个
香草精 少许

姜饼人曲奇

马上会想到电影《怪物史莱克》中出现的姜饼人的曲奇。含有比普通曲奇多的香辛料，寒冷的冬季，加一杯咖啡或牛奶，是多么惬意啊，也可斟一杯葡萄酒。

1 把中筋粉、生姜粉、肉桂粉、肉豆蔻粉、可可粉、泡打粉过筛。

2 把常温下的黄油充分搅拌，放入黄砂糖，拌匀。

3 在充分打发的蛋液中放入香草精，分两三次掺入面团，拌匀。

4 放入糖稀，把碗边缘擦干净，使油脂处于碗体中间。

5 放入过筛的粉料，用刮刀切拌均匀。

6 胚料和好后，冷藏静置3小时以上。

7 把胚料擀成0.5cm厚的面皮，用模具切出形状后，装盘，放入预热温度为170℃的烤箱中烘烤15～20分钟。

8 用糖衣画上有趣的表情后，放置半天，晾干。

Tip

多样曲奇主要用糖衣装饰，也可用晶莹的冰糖装饰，糖衣的制法请参照194页。

糖衣的制作

食材 | 蛋白30g、糖粉150～200g、柠檬汁1/2小匙、色素适量

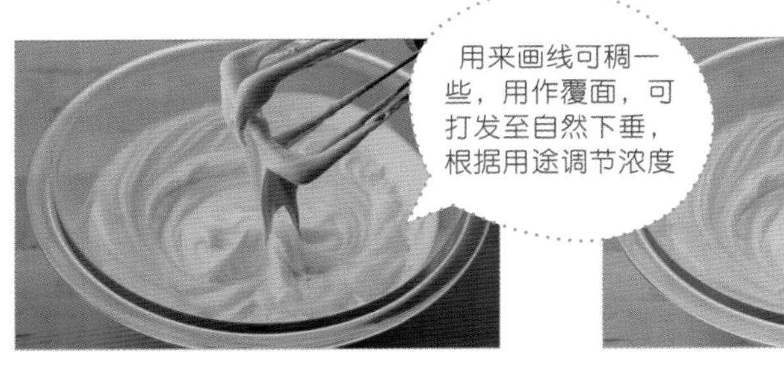

1. 把蛋白充分打发，加入过筛糖粉，用搅拌器打发至变白且光滑。

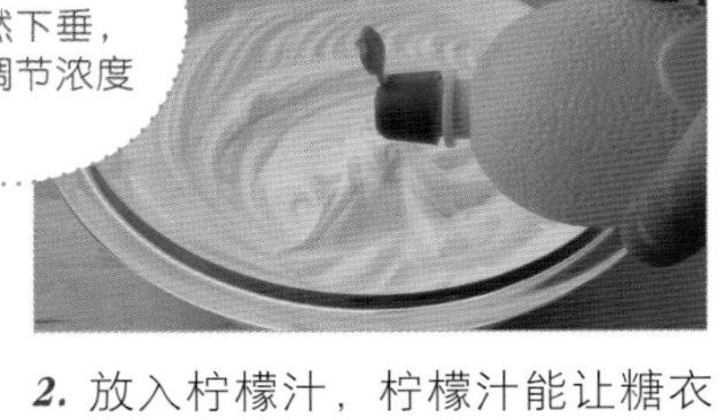

2. 放入柠檬汁，柠檬汁能让糖衣变白，更快凝固，如没有，也可不放。

3. 糖衣的表面易变硬，应盖上盖子，在密闭容器中存放。

Special Tip

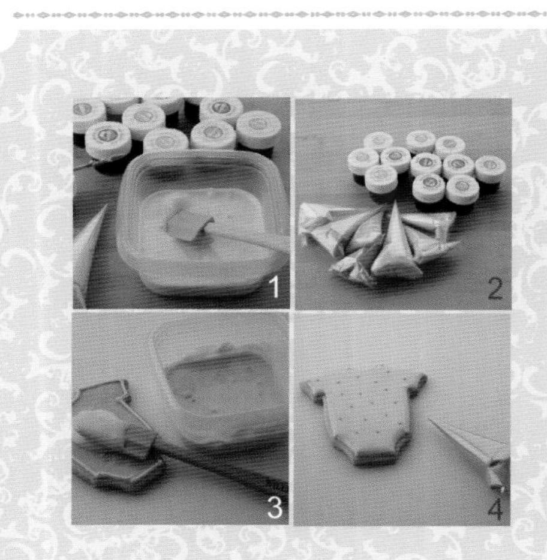

1. 想制作多种颜色的糖衣时，可以倒少量于容器，用竹签蘸少量色素后加入即可。
2. 先备好需用的颜色的糖衣，用时倒入一次性裱花袋。覆面糖衣可根据用途调节浓度。
3. 浓稠的糖衣用来画线，稀糖衣用来覆面。
4. 在覆好的面上再加装饰时，凝固前画上点或线和凝固后再画的效果是不同的。

Tip 色素只放很少量就会呈现很深的颜色，所以加微量即可。

用硅油纸制作一次性裱花袋

糖衣或装饰用巧克力简单装饰曲奇时，经常会用到裱花袋，如没有裱花袋，可用折叠的硅油纸代替，但因其是一次性的，所以容易被撕坏，使用次数少。

1. 把硅油纸折成等腰三角形。

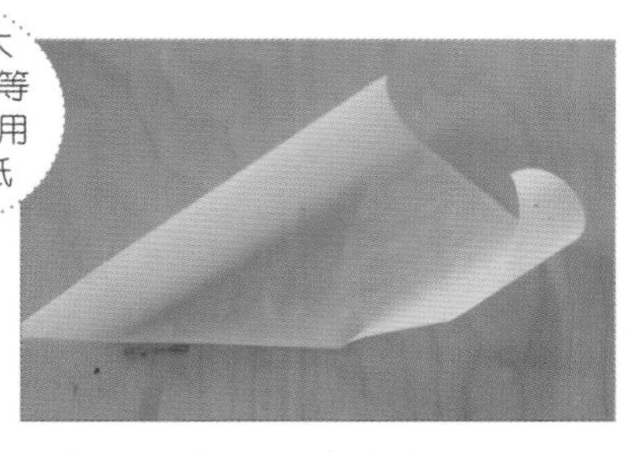

2. 标出三角形底边中点。

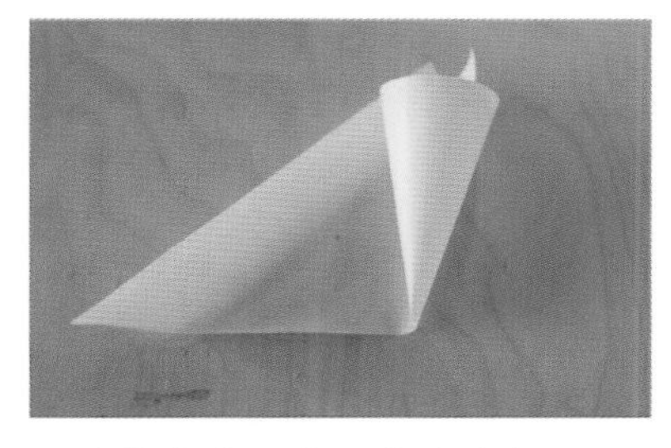

3. 以此点为顶点，卷成牛角形。

4. 底边两端向外折，起固定形状作用。

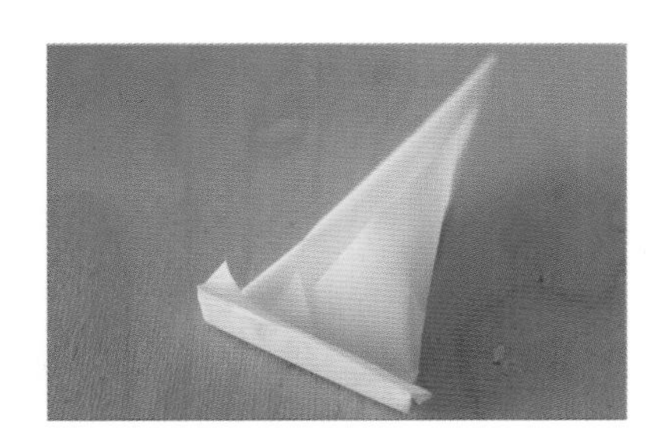

5. 在4中放入糖衣，折好。

Special Tip

1. 市面裱花袋的用法：把填充物倒入裱花袋，因填充物呈乳状，易流出，可在把裱花袋放入窄颈杯中，方便操作。
2. 一次性裱花袋的用法：硅油纸制成的一次性裱花袋，手稍用力填充物就易流出，所以用包装塑料胶带固定为宜。塑料裱花袋在装有较稠的多色糖衣时，操作使用更方便。

康乃馨装饰曲奇

在花样曲奇上插上牙签或木签，装饰曲奇。可以亲手制作在店里买不到的各色曲奇。做成康乃馨形状的曲奇，母亲节或教师节，作为一份小礼物，献上诚挚的祝福。

1 把竹签或牙签的尖端浸泡在水中。

食材和和面方法请参照178香草曲奇制法

2 把静置的面皮擀成3mm厚度的面皮，用叉子形状的模具切出叶子形状，用花样模具切出花瓣形状。

3 把曲奇胚料装盘，插上1的牙签或木签，放入预热温度为170℃的烤箱中烘烤15～20分钟。

恋人特制曲奇

先制作一般曲奇，然后在中间加入果酱，恋人特制的曲奇就制好了，包装时，因易沾到酱，所以用麦芬杯为宜。

1 把静置后的面胚擀成3mm厚度的面皮，用模具切出形状，在170℃的烤箱中烘烤20～25分钟。

2 在下面曲奇上放上果酱，在上面曲奇撒糖粉。

3 上下曲奇重叠，把酱夹在中间。

170℃ 15～20分钟 ★

食材：（木马模具）

低筋粉 50g	黄砂糖 60g
全麦粉 90g	黄油 80g
肉桂粉 2g	盐 少许
泡打粉 1g	香草精 少许
鸡蛋 25g	高筋粉（铺面）适量

全麦花样曲奇

利用全麦制成的全麦曲奇酥香美味，可用融化的巧克力在表面装饰精美图案。

1 把低筋粉、全麦粉、肉桂粉、泡打粉过筛。

2 把常温下的黄油充分搅拌，放入黄砂糖，拌匀。

3 在充分打发的蛋液中放入香草精，分两三次掺入面团，拌匀。

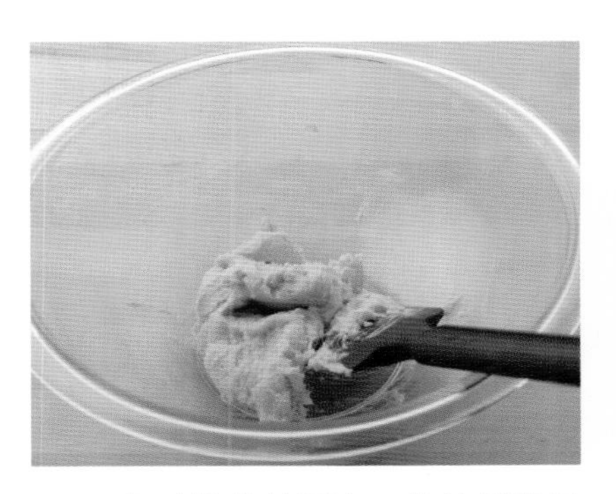

4 把碗边缘擦干净，使油脂处于碗体中间。

5 放入过筛的粉料，用刮刀切拌均匀。

6 胚料和好后，冷藏静置3小时以上。

7 把胚料擀成0.5～0.7cm厚的面皮，用木马模具切出形状后，一定间距装盘，放入预热温度为170℃的烤箱中烘烤15～20分钟。

枫叶曲奇

甜度没有一般曲奇高，但有枫叶的香气和淡淡的甜味，是常做的曲奇之一。让人浮想到簌簌飘落的枫叶的此种薄片曲奇的制作，擀成面皮后切出枫叶形状的环节是关键。口感薄脆酥香。

170℃ 15～20分钟 ★

食材：（枫叶模具）

低筋粉 140g　　枫叶糖浆 70g
黄油 40g　　盐 少许
枫叶糖浆（装饰用）或黄砂糖 适量

1 常温下的黄油中分两三次放入枫叶糖浆，搅成乳状后，加入过筛的低筋粉和盐，用刮刀切拌均匀。

2 胚料和好后，冷藏静置3小时以上。

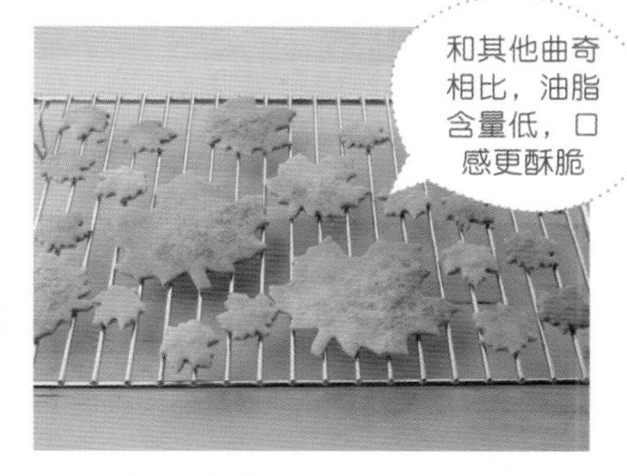

3 把胚料擀成0.2～0.3cm厚的面皮，用枫叶模具切出形状后，以一定间距装盘，按个人口味撒上枫叶细砂糖或黄砂糖，放入预热温度为170℃的烤箱中烘烤15～20分钟。

节日曲奇

★圣诞节装饰品

一起来制作圣诞节装饰曲奇吧。装盘时，用粗吸管扎出一个小洞，烘烤出炉后，穿上一根彩带一定很漂亮。如扎的孔太小，在烘烤过程中容易变小，需特别注意。

★万圣节礼物

用多种形状的曲奇模具和糖衣制作的万圣节礼物。糖衣制法请参照 194 页。

燕麦曲奇

燕麦曲奇有多种制法，口味多样，制作的燕麦曲奇加入了燕麦和全麦粉，酥香可口，中间的葡萄干柔软黏韧，完美的口感搭配使其备受欢迎。

170℃ 20～25分钟 ★

食材：

中筋粉 140g	细砂糖 135g
全麦粉 130g	鸡蛋 2个
烘焙用苏打 2g	香草精 少许
泡打粉 2g	燕麦 80g
肉桂粉 4g	葡萄干 85g
黄油 185g	核桃 适量

1 把中筋粉、全麦粉、烘焙用苏打、泡打粉、肉桂粉过筛。

2 把常温下的黄油充分搅拌，放入细砂糖和香草精，拌匀。

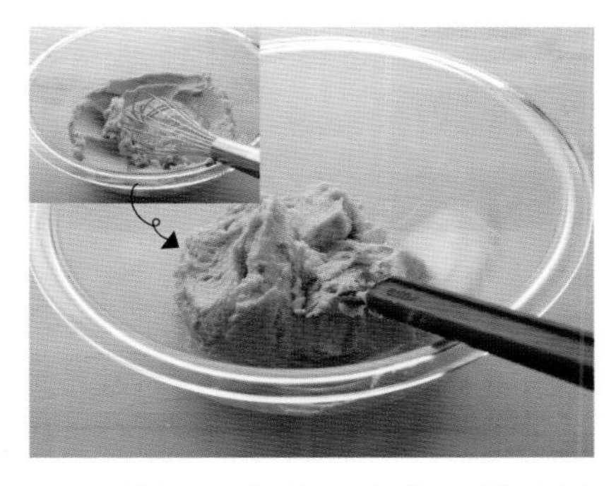

3 分两三次放入充分打发的蛋液，拌匀，把碗边缘擦干净，使油脂处于碗体中间。

4 放入过筛的粉料，用刮刀切拌均匀。

5 还有少量面粉未充分搅拌时，掺入燕麦、葡萄干、核桃，拌匀。

6 舀出曲奇胚料时，用挖球勺更方便。

7 以5～6cm的间距装盘。

8 用平面物体稍微压一下，整形。放入预热温度为170℃的烤箱中烘烤20～25分钟，烤至褐色即可。

9 待热气散去后，移至冷却网，冷却。

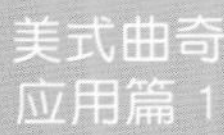

巧克力块腰果曲奇

可用美洲山核桃、核桃、花生、榛子代替腰果，把坚果类稍微烤一下，制品口感更酥香。我使用的是黑巧克力，但用奶油巧克力可制成甜味曲奇。

170℃ 20～25分钟 ★

食材：

黄油 120g
细砂糖 100g
鸡蛋 1个
低筋粉 220g
泡打粉 2g
淡奶油（或牛奶）1大匙
可可粉 30g
巧克力块 60g
腰果 50g
香草精 少许

1 把低筋粉、泡打粉、可可粉过筛，搅打室温下的蛋液。

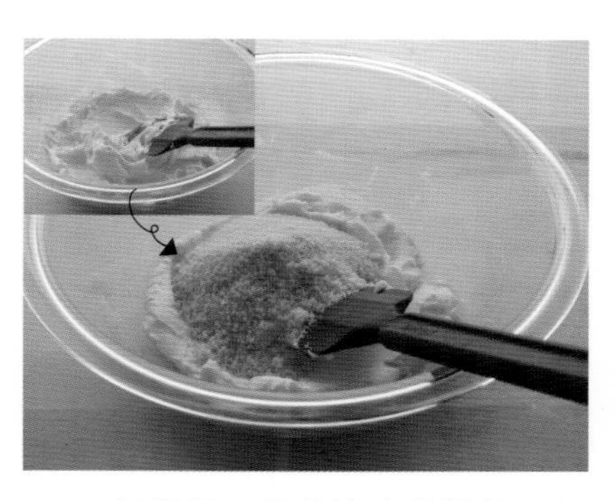

2 把常温下的黄油充分搅拌，放入细砂糖，拌匀。

3 分两三次倒入香草精和充分打发的蛋液，边倒边搅拌胚料，混合均匀。

4 把碗边缘擦干净，使油脂处于碗体中间。

5 放入过筛的粉料，用刮刀切拌均匀。

6 还有少量面粉未充分搅拌时，放入淡奶油和巧克力块，拌匀，放入稍微烘烤过的腰果，拌匀。

7 以5～6cm的间距装盘。

8 用平面物体稍微压一下，整形，覆上保鲜膜更方便。

9 放入预热温度为170℃的烤箱中烘烤20～25分钟，待热气散去后，移至冷却网，冷却。

花生酱曲奇

花生酱曲奇使我想起了小时候用筷子蘸花生酱时的喜悦，那醇香遥远而深邃……压得厚一些，可用叉子整形，或不整形，只以简单的风格，也很受欢迎，再加一杯牛奶，多么惬意啊！

170℃ 20～25分钟 ★

食材：

低筋粉 220g	花生酱 125g
盐 2g	鸡蛋 1个
泡打粉 2g	香草精 少许
黄油 125g	牛奶 30g
黄砂糖 125g	花生碎 30g

1 把低筋粉、盐、烘焙用苏打混合在一起，过筛，鸡蛋置于常温，搅打待用。

2 把常温下的黄油充分搅拌，放入黄砂糖，拌匀。

3 放入常温下柔软的花生酱，再分2～3次倒入香草精和充分打发的蛋液，搅拌均匀。

4 放入常温下的牛奶。

5 放入过筛的粉料，用刮刀切拌均匀。

6 还有少量面粉未充分搅拌时，放入花生碎。

7 以5～6cm的间距装盘，用平面物体稍微压一下，整形，覆上保鲜膜更方便。

8 用叉子在曲奇表面压出纹理。

9 放入预热温度为170℃的烤箱中烘烤20～25分钟，待热气散去后，移至冷却网，冷却。

170℃ 15分钟 ★

食材：

⊙香草叶糖丸

黄油 60g
糖粉 20g
低筋粉 60g
杏仁粉 30g
盐 少许
香草（7cm长）1根
糖粉（滚胚料用）200g

⊙香草籽糖丸

黄油 60g
糖粉 20g
低筋粉 60g
杏仁粉 30g
盐 少许
香草豆荚 1/2根
糖粉（滚胚料用）200g

⊙抹茶糖丸

黄油 60g
糖粉 20g
低筋粉 60g
杏仁粉 30g
盐 少许
抹茶粉 30g
糖粉（滚胚料用）200g
抹茶粉（滚胚料用）5g

香草叶糖丸&香草籽糖丸&抹茶糖丸

像在寒冷的冬天，在雪地上滚的雪球一样小巧而酥脆糖丸，把糖丸放在口中，闭上双眼，想象窗外的雪花，漫天飞舞……

香草叶糖丸的制法

1 把7cm长的一根香草的叶摘下捣碎，加入糖粉拌匀，待用。

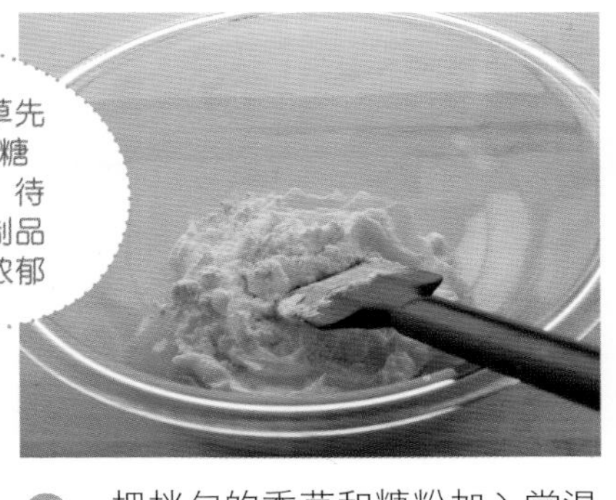

2 把拌匀的香草和糖粉加入常温下的黄油，拌匀。

3 把碗边缘擦干净，使油脂处于碗体中间。

4 在过筛的粉料（低筋粉、杏仁粉、盐，做抹茶曲奇时，加抹茶粉）上，覆上油脂，用刮刀切拌均匀。

5 把面胚覆上保鲜膜，静置1小时以上。

6 把面胚擀成片，20等分，或分成每份为8g的若干份，揉成圆形，以一定间距装盘。

7 放入预热温度为170℃的烤箱中烘烤15分钟，待热气散去后，移至冷却网。

8 仍有余热时，按个人喜好撒少量或大量糖粉。

香草籽糖丸＆抹茶糖丸的制作

香草籽糖丸的制作：抠出1/2的香草籽，代替香草叶，其他步骤相同；

抹茶糖丸的制作：在粉料中加入抹茶粉，其他步骤相同。

大豆粉糖丸

大豆粉糖丸让人联想起年糕，也许因为大米粉和大豆粉面筋少的原因，口感松软，刚出炉后，一定要马上移至冷却网，加入糖粉（滚胚料用）中的大豆粉的用量，可按个人口味调节。

 170℃ 15分钟 ★

食材：

黄油 60g
糖粉 15g
低筋大米粉 70g
炒好的大豆粉 20g
大豆粉（滚胚料用）1大匙
榛子碎 20g
蜂蜜 2小匙
糖粉（滚胚料用）200g
盐 少许

Tip

如无榛子碎，用核桃碎或杏仁碎也可。

1 把常温下的黄油充分搅拌，放入细砂糖，把碗边缘擦干净，使油脂处于碗体中间，用刮刀切拌均匀。

2 放入过筛的低筋大米粉、炒好的大豆粉、盐，用刮刀切拌均匀。

3 拌至奶油酥粒状，放入预热温度为170℃的烤箱中烘烤5分钟的榛子碎。

4 加入蜂蜜，拌匀至成面团。

5 把面胚覆上保鲜膜，静置1小时以上。

6 把面胚擀成1cm厚的面皮。

7 切成2cm的小块，摆放在铺有硅油纸的烤盘，放入预热温度为170℃的烤箱中烘烤15分钟，待热气散去后，移至冷却网。

8 仍有余热时，多撒些糖粉。

莓果糖丸

市面上销售的坚果类或天然粉料的种类繁多，可按个人口味来选择。也可用蓝莓干代替蔓越莓干，用蓝莓粉代替覆盆子粉。

170℃ 15分钟 ★

食材

黄油 60g
糖粉 20g
低筋粉 60g
杏仁粉 30g
糖粉（滚胚料用）200g
覆盆子粉（滚胚料用）15g
盐 少许
蔓越莓干 30g
蜂蜜 1小匙

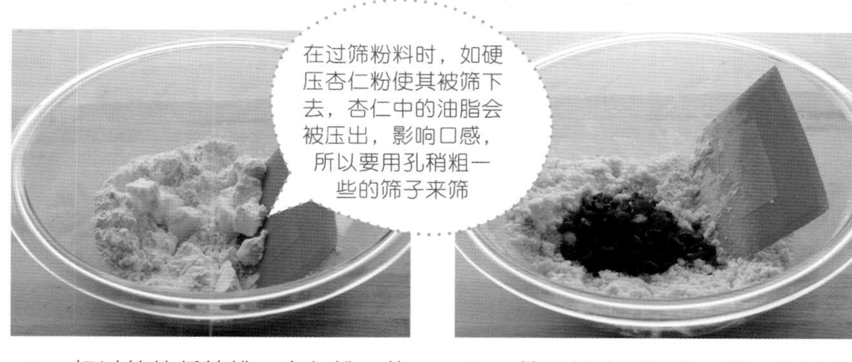

1 把过筛的低筋粉、杏仁粉、盐掺入切碎的黄油中，用刮板捣碎，切拌。

2 拌至奶油酥粒状，放入切碎的蔓越莓干。

3 加入蜂蜜，搅拌至成团。

4 把面胚覆上保鲜膜，静置1小时以上。

5 把面胚擀扁，25等分，或分成每份为8g的若干份，揉成圆形。

6 摆放在铺有硅油纸的烤盘，放入预热温度为170℃的烤箱中烘烤15分钟，待热气散去后，移至冷却网。

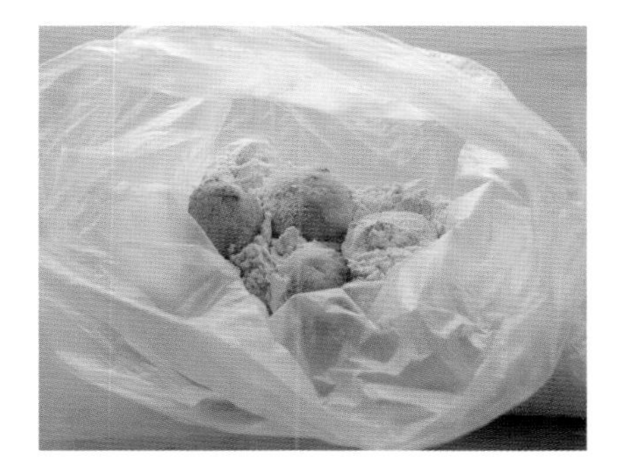

7 仍有余热时，可按个人口味，多撒些掺有覆盆子粉的糖粉。

香草酱曲奇&巧克力滴曲奇&咖啡杏仁焦糖曲奇

利用形状多样的裱花嘴模，可制作出各式各样的曲奇，也可使用书中未提到的裱花嘴模，挤出的胚料不连续，短一些也无妨，但需在烘烤时，注意观察着色，适当调节时间。

挤制曲奇
基础篇

香草酱曲奇

170℃ 15分钟 ★★

食材：

黄油 60g
糖粉 40g
低筋粉 60g
盐 少许
果酱 少许
鸡蛋 25g
香草精 2g

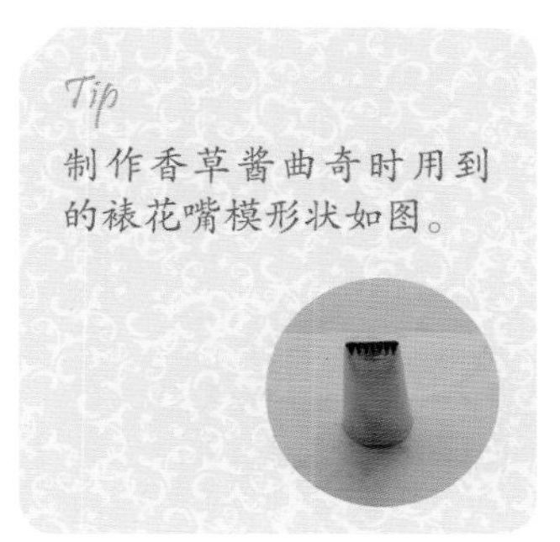

Tip

制作香草酱曲奇时用到的裱花嘴模形状如图。

1 常温下的黄油缓慢打发后，放入糖粉；在室温下放置的蛋液内，放入香草精，拌匀后，再分两三次和入面胚。

2 把低筋粉和盐过筛，掺入1的面胚。

3 为防止结块，利用碗内壁，边使胚料铺开，边不停搅拌。

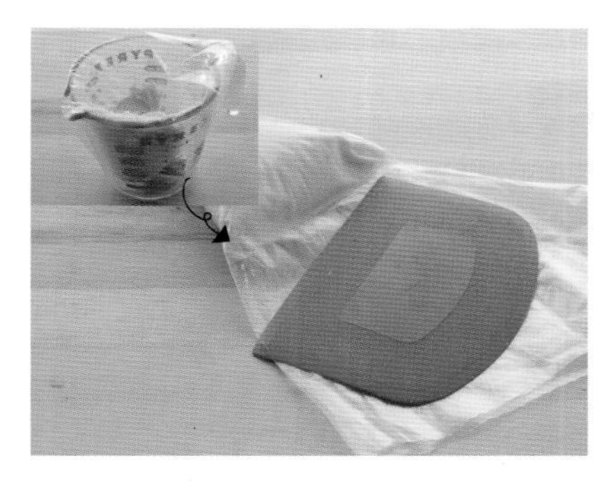

4 把裱花袋的末端稍微剪去一部分，嵌入裱花嘴模，放入宽口杯中，装入胚料。用刮板整理干净。

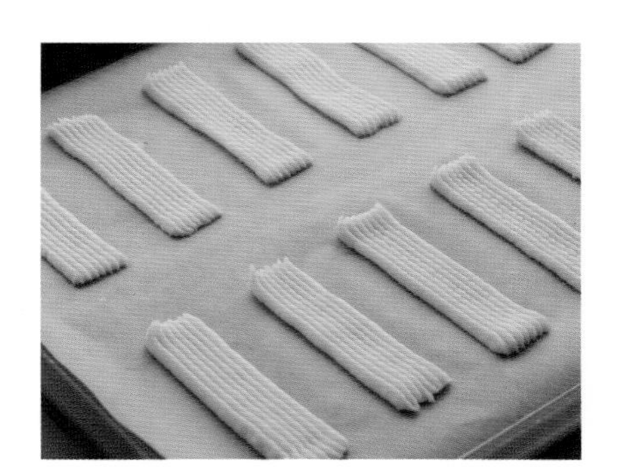

5 挤出一定长度的胚料，以一定间隔排放在铺有硅油纸的烤盘中，放入预热温度为170℃的烤箱中烘烤10分钟，注意观察着色。

6 把冷却曲奇中的一半曲奇翻过来，挤上果酱，用另一半曲奇盖上。

巧克力滴曲奇

170℃ 15分钟 ★

食材:

黄油 60g
糖粉 50g
低筋粉 70g
可可粉 15g
盐 少许
鸡蛋 25g
香草精 2g
巧克力（涂层用）适量

1 参照181页巧克力曲奇的基本制法，把胚料放入嵌入裱花嘴模的裱花袋。

2 把心形胚料挤在铺有硅油纸的烤盘中，放入预热温度为170℃的烤箱中烘烤10分钟。

3 移至冷却网，充分冷却后，在隔水加热融化的巧克力中蘸一下，待表面凝固即可。

Tip

制作巧克力滴曲奇时用到的裱花嘴模形状如图。

咖啡杏仁焦糖曲奇

170℃ 15分钟 ★

食材：

⊙焦糖

玉米糖浆 40g
细砂糖 40g
黄油 40g
杏仁片 40g

⊙曲奇胚料

黄油 60g
糖粉 50g
低筋粉 95g
盐 少许
鸡蛋 25g
咖啡提取液 1小匙

Tip

制作咖啡杏仁焦糖曲奇时用到的裱花嘴模形状如图。

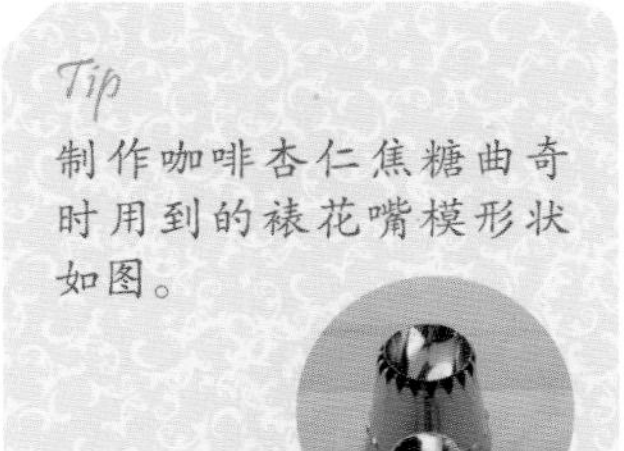

1 在锅中放入玉米糖浆和细砂糖，煮沸后，放入黄油，使其融化，沸腾后，放入杏仁片，拌匀。

2 把硅油纸剪成长条，把焦糖牛轧糖淋在上面，用尺子整形成长棍形，两端折起，在冷冻室内放置1小时，使其变硬。

如无咖啡提取液，可用一匙速溶咖啡和1/2匙水混合而成

3 黄油、糖粉、鸡蛋、咖啡提取液依次加入，混合均匀，掺入过筛的盐、低筋粉，拌匀。

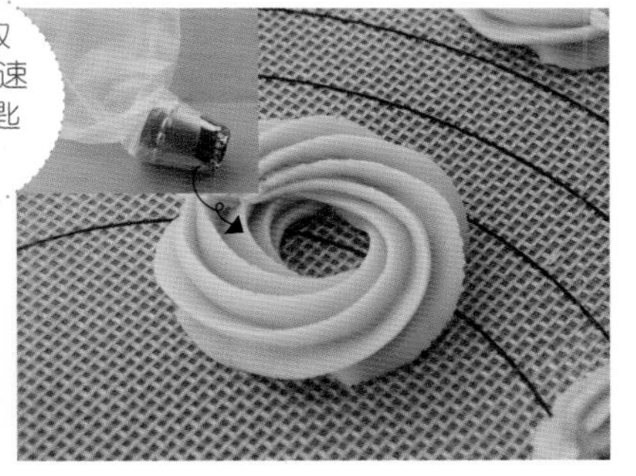

4 把嵌入裱花嘴模的裱花袋的口折叠后，装入胚料，把圆形胚料挤到铺有硅油纸的烤盘中。

5 把冷冻室内放置变硬的焦糖切成0.5cm厚。

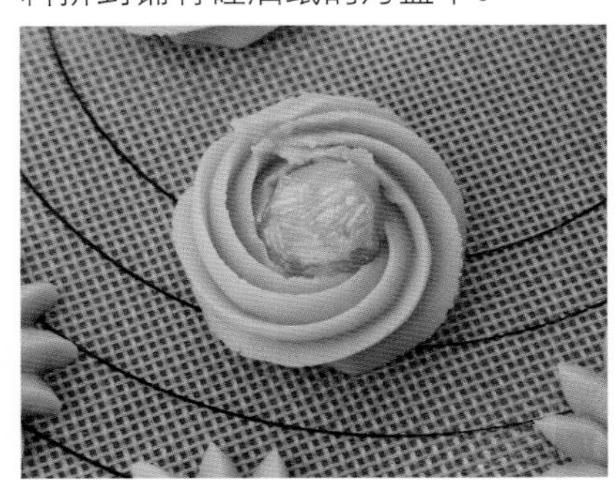

6 在圆形胚料中间放入焦糖，放入预热温度为170℃的烤箱中烘烤15分钟，注意呈色，烘烤结束后，待中间的融化焦糖凝固冷却后，再从烤盘移至冷却网。

杏仁瓦片饼干&芝麻瓦片饼干

用精制黄油烤制，口味清爽，即时有些麻烦，也最好把精制的黄油和入面胚，静置一个晚上之后，再烘烤。

芝麻瓦片饼干

杏仁瓦片饼干

160℃ 10分钟 ★

食材：

⊙杏仁瓦片饼干

蛋白 65g
黄砂糖 60g
低筋粉 15g
杏仁片 90g
精制黄油 20g

⊙芝麻瓦片饼干

蛋白 55g
黄砂糖 65g
低筋粉 15g
芝麻 65g
精制黄油 20g

杏仁瓦片饼干

1 在蛋白中放入黄砂糖，搅打至一半黄砂糖颗粒已融化。

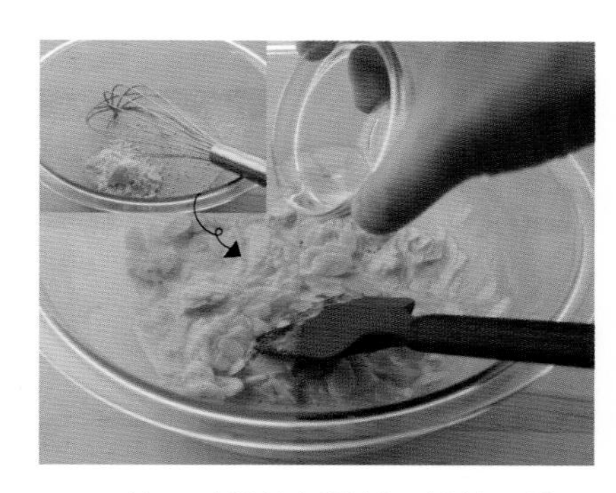

2 掺入过筛的低筋粉，搅拌，放入杏仁片后，再放入冷却的黄油。

3 把面团盛入密闭容器，静置一个晚上。

4 在铺有硅垫的烤盘上，舀一小匙胚料，相互间隔离远一些摊开，用蘸了水的叉子使胚料扁平。

5 放入预热温度为160℃的烤箱中烘烤10分钟后，快速整形，冷却。

芝麻瓦片饼干

1～5步骤和杏仁相同，第2步中把杏仁片替换成芝麻即可。

Special Tip

精制黄油的制作

精制黄油具有榛子的香味，所以又被叫作榛子黄油，除去黄油中的水分和杂质，因燃点高，不仅适用于烘烤，还用于多种料理。稍微多做一些存放起来，方便使用。

1. 把黄油切成若干小块，待用。
2. 为使香味更浓，加热煮沸，除去水分。
3. 在茶过滤网上铺上棉布，过滤。
4. 完成制作。

装饰瓦片饼干

冷却后硬邦邦的瓦片饼干，拿起来看，会发现有很多小孔，像一种装饰一样，剪成不规则形状后，常用于装饰糖衣及蛋糕等。

Tip

如无杏仁片，可使用开心果，但不能用花生代替。

160℃ 10～15分钟 ★

食材：

水 100g	黄砂糖 200g
糖稀 10g	低筋粉 80g
精制黄油 100g	杏仁碎 100g

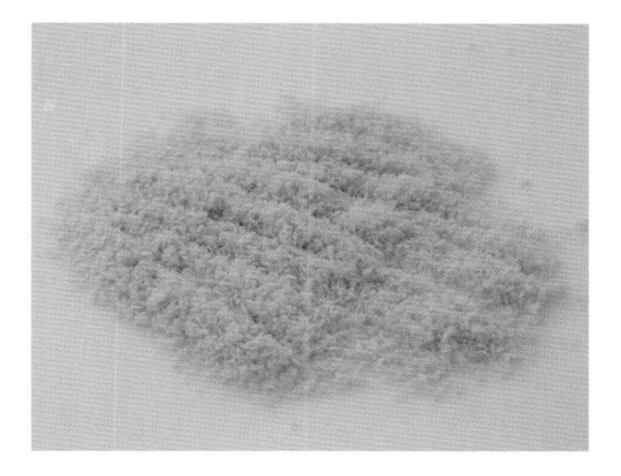

1 把杏仁片捣碎。

2 锅中放入水和糖稀，煮沸。

3 把2放入碗中，再放入精制黄油。

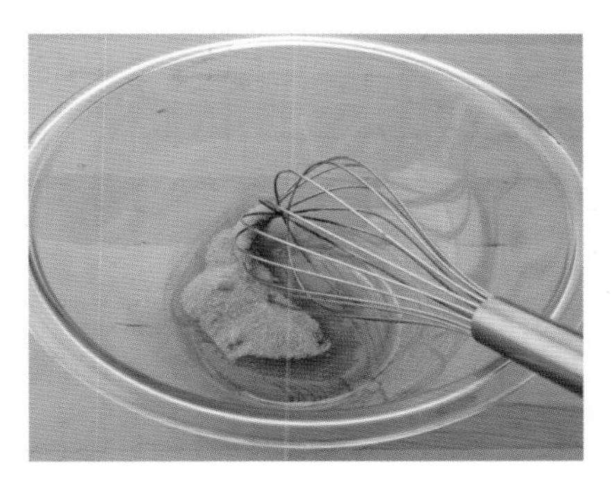

4 放入黄砂糖，拌匀。

5 放入低筋粉，打发充分。

6 放入捣碎的杏仁片，拌匀，胚料制作完成。

7 把制好的胚料装入密闭容器，静置半天以上。

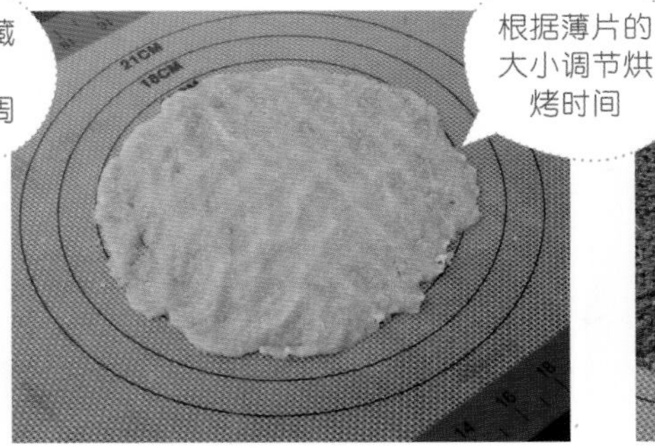

8 在铺有硅垫的烤盘上，舀一小匙胚料，摊成薄片，放入预热温度为160℃的烤箱中烘烤10～15分钟后，注意着色。

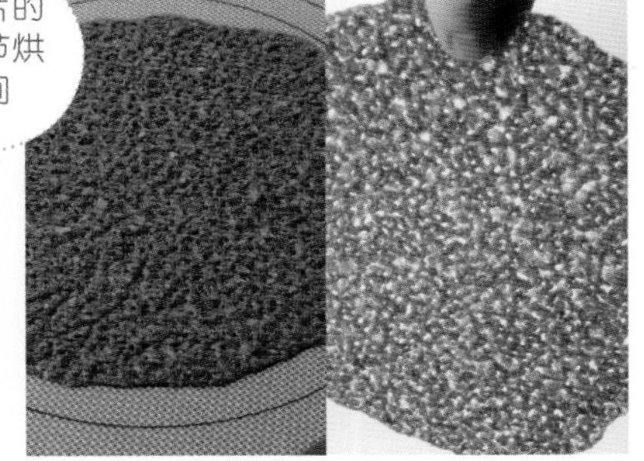

9 从烤箱中取出后，快速整形或冷却后剪成所需装饰的形状。

Macaron
莓果马卡龙
巧克力马卡龙
香草马卡龙
柚子马卡龙
红茶马卡龙
抹茶马卡龙

巧克力马卡龙&抹茶马卡龙

170℃ 10～15分钟 ★★★

食材：

⊙巧克力马卡龙

蛋白 65g
细砂糖 20g
糖粉 105g
杏仁粉 65g
可可粉 5g

⊙抹茶马卡龙

蛋白 65g
细砂糖 20g
糖粉 105g
杏仁粉 65g
抹茶粉 5g

※做法和巧克力马卡龙相同，在第5步用抹茶粉代替可可粉即可

1 为了制作出大小均匀的面胚，把裱花嘴模立在硅油纸上，画圆。

2 把直径为1cm的圆形裱花嘴模嵌入裱花袋，为防止胚料流出，折好。

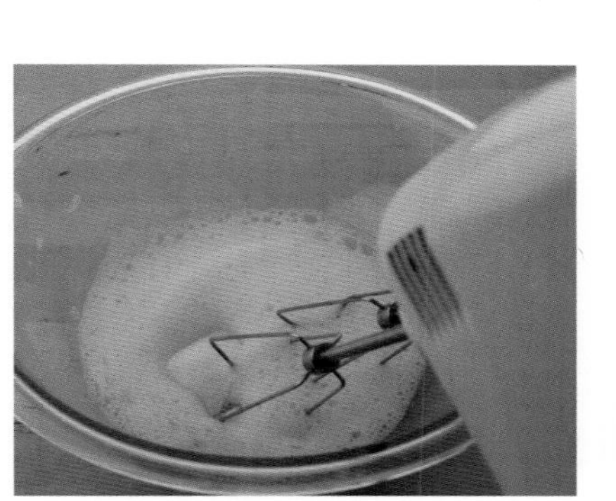

3 把室温下的蛋白充分打发，细砂糖分两三次放入，拌匀。

4 用搅拌器打发成稠厚的蛋白糖霜。

5 放入过筛的糖粉、杏仁粉、可可粉。

6 利用刮板，把碗底的胚料也翻起来，搅拌均匀。

7 嵌入裱花嘴模，把裱花袋折好后，装入胚料。

8 把1的硅油纸翻过来，用少量胚料固定在烤盘上。

9 把直径为3cm的胚料装盘，用牙签轻撒些可可粉做装饰。

10 在室温下静置30分～1小时，直到两面都不沾手。

11 放入预热温度为170℃的烤箱中烘烤10～15分钟后，注意不要烤煳。

12 完全冷却后，加入巧克力酱。

Special Tip

制作美味的必备技法

干燥马卡龙的过程是制造马卡龙的重要环节，直接影响着马卡龙的口感。潮湿的天气不易干，要多放一会儿，干燥的天气要注意不能干燥过度，干燥过度的胚料易裂开。

巧克力酱

巧克力酱即在淡奶油中加入巧克力制成，如太稀，夹入时易流出或糖衣太薄。把巧克力酱装入裱花袋，在冰箱中有些凝固后再使用。

食材：

黑巧克力100g、淡奶油70g、香草豆荚1/2个、黄油10g、朗姆酒少许、糖稀10g

1. 把黑巧克力捣碎。
2. 把香草豆荚切开，抠出籽，放入香草籽，和淡奶油一起煮沸。
3. 用过滤网把香草籽滤出，撒在巧克力上。
4. 为使淡奶油渗入巧克力中间的缝隙，稍置片刻后，从用搅拌器中间开始搅拌，使巧克力融化。
5. 仍有余温时，放入黄油、朗姆酒、糖稀，拌匀。
6. 覆上保鲜膜，密封，防止空气进入，置于冰箱中冷却。
7. 装入裱花袋。

Tip

如无黑巧克力或不喜欢太浓的口感，可用奶油巧克力。

Tip

把裱花袋放入冰箱，变硬后再使用。

红茶马卡龙

170℃ 10～15分钟 ★★★

食材：（8寸方模1个）

蛋白 65g
细砂糖 20g
糖粉 105g
杏仁粉 65g
红茶包 1袋
红茶巧克力（夹心用）适量
红茶粉（装饰用）少许

1 把红茶包撕开，放在研钵中捣碎，放入糖粉，使香味浓郁。

2 参照巧克力马卡龙的制作，在盖在上面的曲奇上撒少量红茶粉做装饰，下面的曲奇上放红茶巧克力。

莓果马卡龙&柚子马卡龙

170℃ 10～15分钟 ★★★

食材：（8寸方模1个）

⊙莓果马卡龙

蛋白 65g
细砂糖 20g
糖粉 105g
杏仁粉 65g
粉色色素 少许
红莓酱（夹心用）适量

⊙柚子马卡龙

蛋白 65g
细砂糖 20g
糖粉 105g
杏仁粉 65g
黄色色素 少许
柚子酱（夹心用）适量

1 在马卡龙的基本步骤搅打蛋白的过程中，加入色素。

2 用手握搅拌器把蛋白搅打至稠厚，参照基本过程制作。

3 在粉红曲奇上，放红莓酱做中间夹层。

4 黄色的曲奇上，用柚子酱做中间夹层。

用不同的红茶，可做出多种味道的红茶巧克力。
最喜欢用格雷伯爵茶 ，红茶叶用热水泡会有涩味，
用温水慢泡为好。

食材：
巧克力100g、淡奶油70g、黄油10g、朗姆酒少许、糖稀10g、红茶包1包、水1大匙

1. 把红茶包撕开，用少量温水泡茶。
2. 把泡好的红茶叶和淡奶油煮沸。
3. 把煮好的混合物利用茶壶过滤网过滤，撒在捣碎的巧克力上。
4. 为使淡奶油渗入巧克力中间的缝隙，稍置片刻后，从用搅拌器中间开始搅拌，使巧克力融化。
5. 仍有余温时，放入黄油、朗姆酒、糖稀，拌匀。
6. 覆上保鲜膜，密封，防止空气进入，置于冰箱中冷却。
7. 装入裱花袋。

Tip
把裱花袋放入冰箱，变硬后再使用。

· 原味黄油奶油

食材：

蛋黄66g、水40g、细砂糖160g、黄油250g

1. 在平底锅中放入细砂糖和水，煮沸，不要搅拌，让其自然融化。
2. 用蘸水的刷子擦拭，防止边缘烧焦，煮沸至118℃以上。
3. 如没有温度计，可滴入水中，看是否呈果冻状。
4. 蛋黄用搅拌器搅拌时，顺碗壁倒入糖浆。
5. 充分打发至呈鲜艳的黄色。
6. 充分打发，放入室温下的黄油。
7. 再用搅拌器轻轻搅拌，完成制作。

和香草马卡龙是完美搭配
把香草、抹茶、咖啡等混在一起，
制成多种口味的黄油奶油。

Q&A 用剩的黄油奶油如何存放？

装入容器密封，冷冻保存。再次使用时，放到微波炉上转10秒，用打发器打搅，使其融化，解冻变稠后，再用打发器打发。

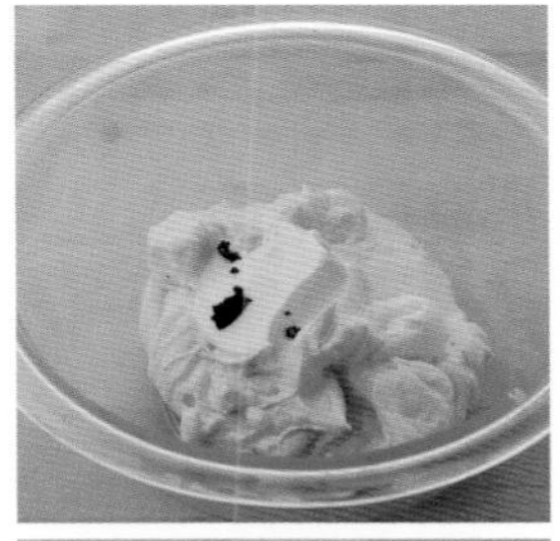

· 香草黄油奶油

在原味黄油奶油135g中，放入香草豆荚中抠出的1/2份的香草籽。

· 抹茶黄油奶油

在原味黄油奶油135g中，放入1大匙抹茶粉。

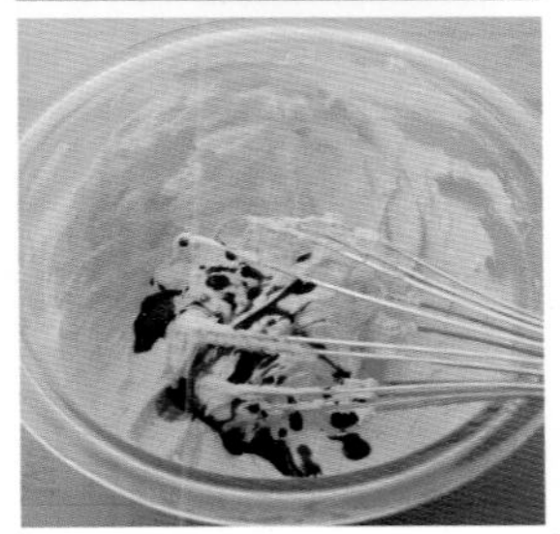

· 咖啡黄油奶油

在原味黄油奶油135g中，放入1小匙咖啡提取液。

咖啡提取液的制法：可以把1小匙咖啡或速溶咖啡融在1/2小匙的水中。

香草马卡龙

170℃ 10～15分钟 ★★★

食材：（8寸方模1个）

蛋白 65g
糖粉 125g
杏仁粉 125g
香草籽 适量

⊙意大利蛋白糖霜

蛋白糖霜 50g
水 30g
细砂糖 125g

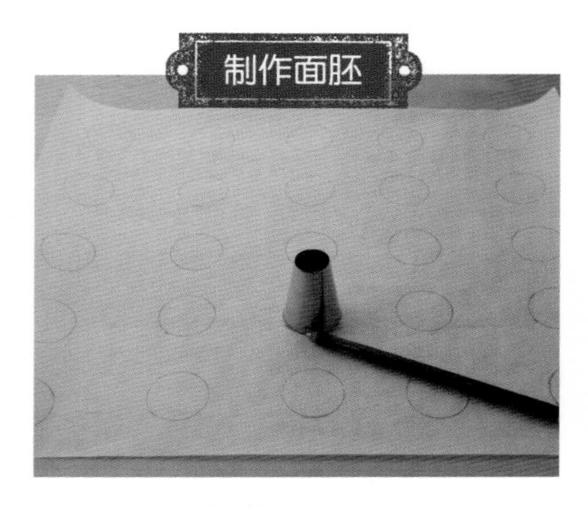

1 为了制作出大小均匀的面胚，把裱花嘴模立在硅油纸上，画圆。

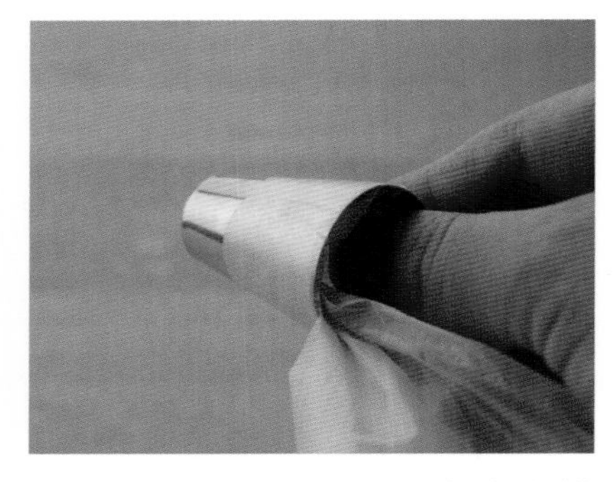

2 把直径为1cm的圆形裱花嘴模嵌入裱花袋，为防止胚料流出，折好。

3 在蛋白中放入香草籽。

4 放入过筛的糖粉和杏仁粉，拌匀。

5 在平底锅中放入细砂糖和水，煮沸，但不要搅拌，使其自然融化。用蘸水刷子擦拭，防止边缘烧焦。

6 煮沸至118℃以上。

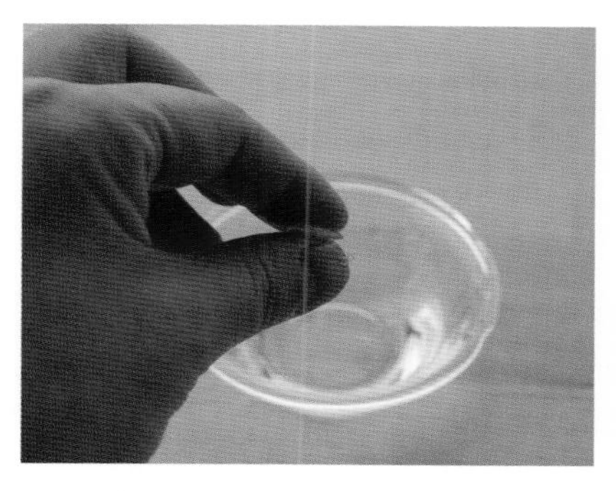

7 如没有温度计，可滴入水中，看是否呈果冻状。

8 在另一碗中盛入蛋白糖霜，打发后，倒入煮沸的糖稀，制成稠厚的蛋白糖霜。

9 在4的面胚中，分3次加入蛋白糖霜，拌匀。

10 用刮板把碗底面的胚料挑起，使其自然下垂成带状。

11 嵌入裱花嘴模，在裱花袋装入胚料。

12 把1的硅油纸反转，利用胚料固定在烤盘上。

13 挤成半径为3cm的圆形，装入烤盘，在常温下放置30分钟～1小时，表面如不沾手，放入预热温度为170℃的烤箱中烘烤10～15分钟，注意不要烤煳。

14 充分冷却后，把混有香草籽的黄油奶油做夹心夹入。

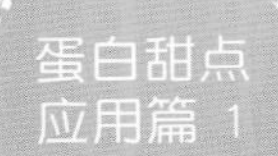

夹心迷你小曲奇

马卡龙或达夸兹用蛋白制作，但夹心迷你曲奇却用到蛋黄，所以很有蛋糕的质感，相比于小而薄的胚料，大而厚的烤出来更美味可口。

190℃ 12～15分钟 ★

食材：

蛋黄 65g	低筋粉 100g
细砂糖 50g	糖粉 适量
蛋白 135g	黄油奶油 适量

1 蛋黄用搅蛋器充分打发，40g细砂糖分3次放入，搅至成鲜艳的黄色。

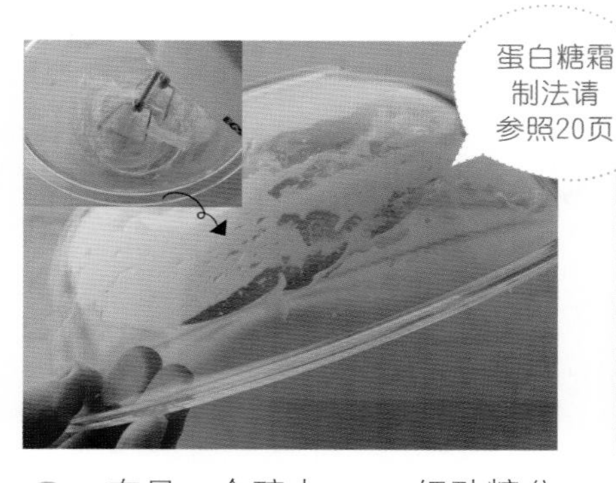

2 在另一个碗中，60g细砂糖分3次放入，搅打成稠厚的蛋白糖霜。

3 在1的蛋黄中，混入1/3蛋白糖霜，加入1/3过筛的高筋粉。

4 注意3～4的过程要留有气泡，重复操作，完成面胚的制作。

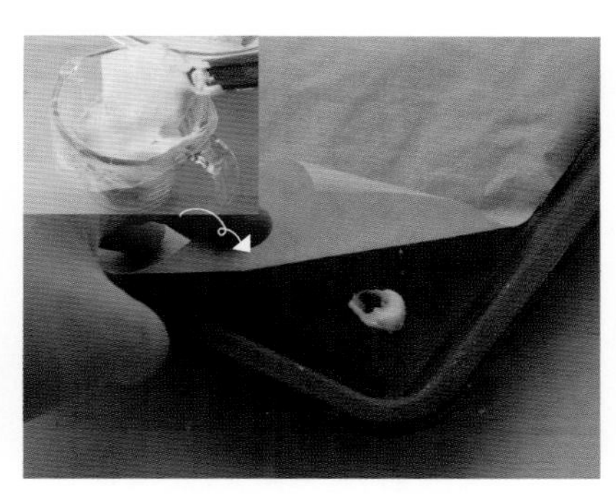

5 嵌入裱花嘴模，在裱花袋中装入胚料，把硅油纸剪成适中大小，铺于烤盘中，利用胚料固定在烤盘上。

6 挤成直径为5～6cm的厚圆形，撒两遍糖粉。

7 入预热温度为190℃的烤箱中烘烤12～15分钟，同时注意着色。

8 两片曲奇中间放上黄油奶油，轻按至旁边可以看到奶油即可。

Special Tip

用相同的胚料，挤成长条的手指模样，可制成手指夹心曲奇。先烤好，冷冻保存，来客人做提拉米苏时，可代替戚风蛋糕使用。

榛子曲奇

剩有蛋白时，制作简单的一种曲奇。可用杏仁粉代替榛子粉，但榛子特有的香气会让蛋白糖霜曲奇更美味，所以建议用榛子粉。

100℃ 30分钟 ★★

食材：

蛋白 60g
细砂糖 50g
榛子粉 30g

1 把准备好的蛋白充分打发。

2 细砂糖粉两三次放入，用搅拌器充分打发。

蛋白糖霜的制作参照20页

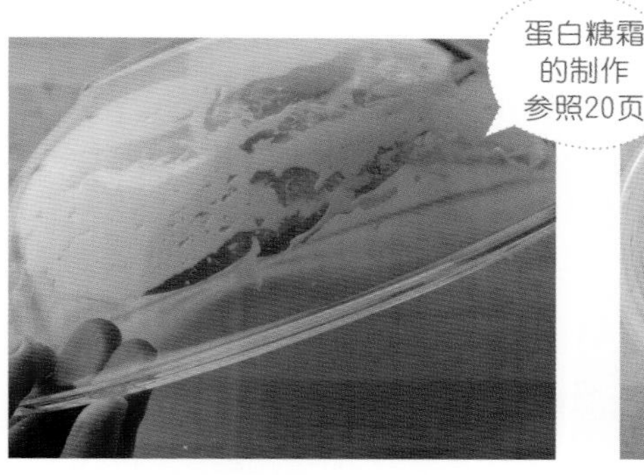

3 打发至把碗倒过来也不流下来的稠度。

4 放入榛子粉，充分搅拌，使胚料内充有气泡。

5 嵌入裱花嘴模，在折好的裱花袋中装入胚料。

6 装在铺有硅油纸或硅垫的烤盘上，放入预热温度为100℃的烤箱中，烘烤30分钟，蒸发水分。

Cookie

长棍酥

叶形酥

法式蝴蝶酥

三种油酥点心

一种很有代表性的多层油酥点心。不是在高筋粉面胚中放入油脂制成，而是用低筋粉和凉黄油混合的面胚，制作简单，口感酥香。

油酥点心面胚制作

180℃ 20分钟 ★★

食材：

黄油 120g
低筋粉 250g
细砂糖 15g
盐 1小匙
凉水 95g
高筋粉（铺面用）适量
细砂糖（铺面用）适量

1 把过筛的低筋粉、细砂糖、盐置于碗中，混合均匀，加入低温下保存的切成小块的黄油。

2 利用搅拌器，在黄油融化之前，把胚料捣成奶油酥粒状。

3 在中间挖坑，倒入凉水，把刮板立起来切拌。

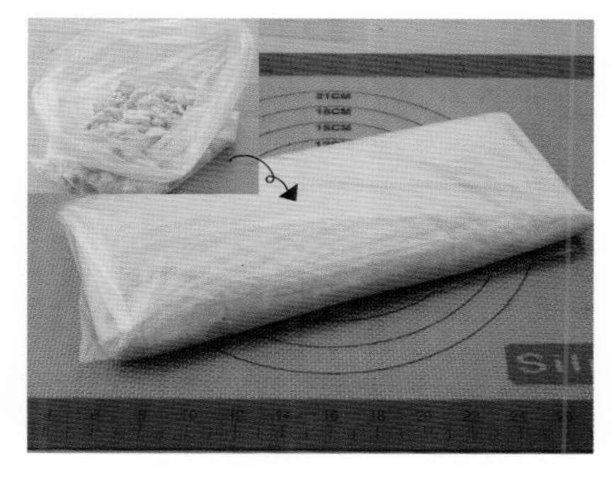

4 面胚差不多成团后，装入塑料袋，擀成薄长方形，静置1小时以上。

5 在面胚上撒铺面，折三折后，擀成长片。

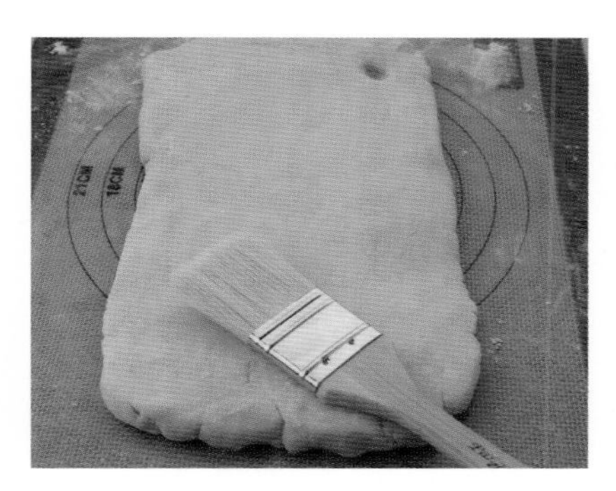

6 再次撒上铺面后，用刷子把沾在表面的面粉扫去。

7 把长片的面皮转90度角，再次折三折，5～6步再重复2次。

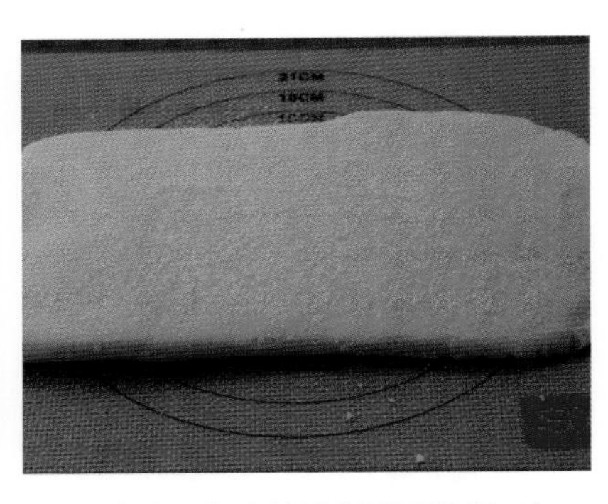

8 把折成3折的过程再重复1次，用细砂糖代替铺面，再重复一次折3折的过程。

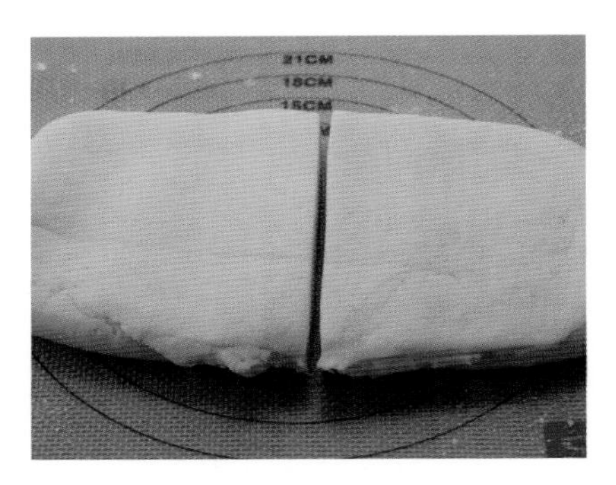

9 把面胚2等分，分别擀成薄片，整形成多种形状，放入预热温度为180℃的烤箱中，烘烤20分钟。

叶形酥

180℃ 20分钟 ★★

用基本制饼面胚，来一起做叶形酥，如果没有树叶形状的模具，也不要苦恼，用金属材质的波浪圆形模具的折成树叶模样，或用圆模也可。

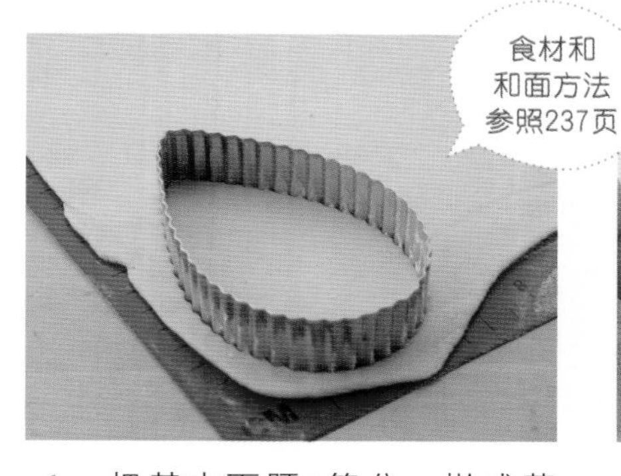

1 把基本面胚2等分，擀成薄片，为使边角面皮充分利用，少剩余，紧贴着切形。

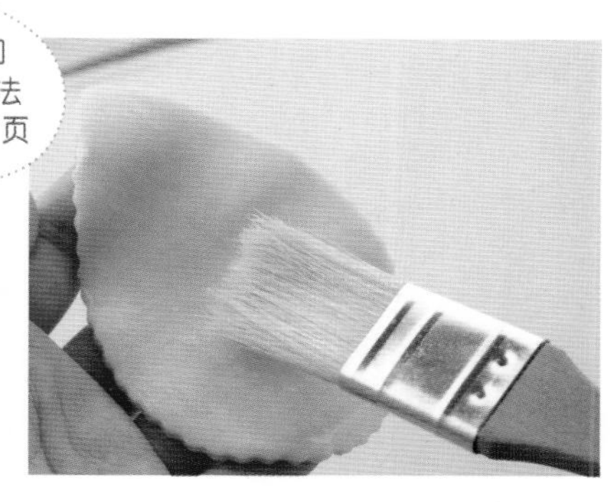

2 切出树叶形面皮后，用刷子扫去上面的铺面，抹上水。

3 在2抹水一面沾上大量细砂糖。

4 装入铺有硅油纸的烤盘，然后用刀划出脉叶模样。

5 放入预热温度为180℃的烤箱中，烘烤20分钟，注意着色。

法式蝴蝶酥

180℃ 15～20分钟 ★★

备受青睐的心形法式蝴蝶酥，可以制成一口大小或手掌大小，按制品大小调节烘烤时间。

1 铺厚厚的一层细砂糖，把和好的面胚2等分，擀成0.5cm厚度，把边缘切整齐。

2 上面也撒一些细砂糖，把一边向中间折2折。

3 另一边也向中间折2折。

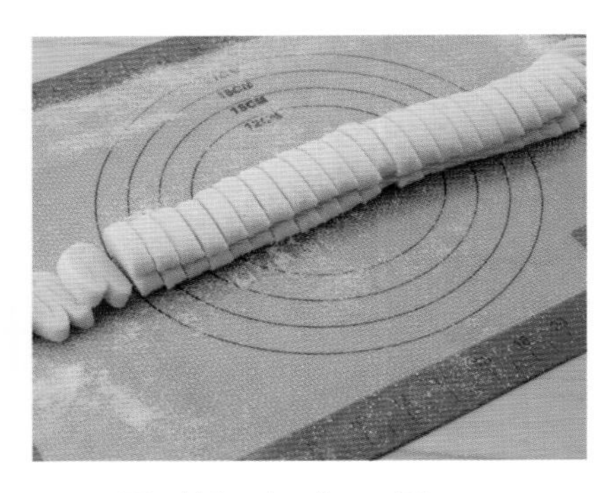

4 再对折，切成1cm厚。

5 装入铺有硅油纸的烤盘，捏成尖角心形。

6 放入预热温度为180℃的烤箱中，烘烤15～20分钟，注意着色，出炉后冷却。

长棍酥

180℃ 15～20分钟 ★★

Baton在法语中是长棍的意思，即接力赛中使用的接力棒。在基本面胚上沾上大量细砂糖，切成长条烤制而成。备好基本面胚就可制作多种形状的点心了。

食材和
和面方法
参照237页

1 铺厚厚的一层细砂糖，把和好的面胚2等分，擀成0.5cm厚，把边缘切整齐。

2 在面胚上沾大量细砂糖，拧成螺旋模样，或切成棍棒形状。

3 放入预热温度为180℃的烤箱中，烘烤15～20分钟，注意着色。

Special Tip

处理剩余面胚

把擀成薄片的用模具切出形状后，会留一些边角面皮，不要扔，直接烤或卷成蜗牛形状，可制作多种形状的特别点心。

草莓奶油奶酪派
奶酪派
Pie

派胚的制作

基本面胚

170℃ 15～20分钟 ★★

食材：（8寸圆模1个，或6寸圆模2个）

低筋粉 120g
杏仁粉 35g
黄油 60g
糖粉 40
鸡蛋 25g
香草精 少许
高筋粉（铺面用）适量
蛋液（上色用）少许

> *Tip*
> 蛋液用蛋黄和水以1：1的比例混合而成。
> 如想制成巧克力面胚，把低筋粉120g换成低筋粉100g和可可粉20g即可。做法相同。

用手和面

1. 把常温下的黄油充分搅拌，放入糖粉，拌匀呈乳状。

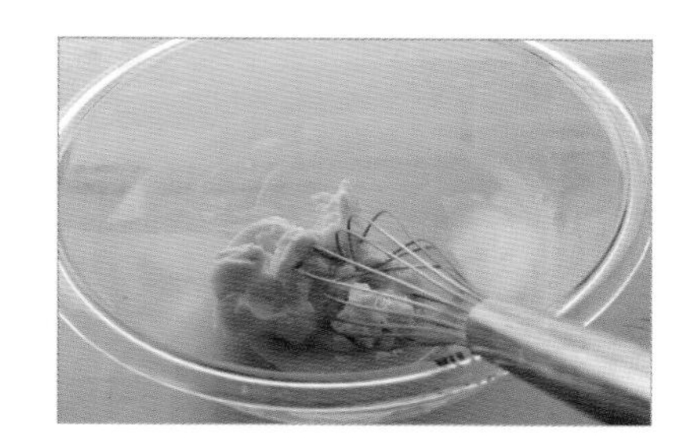

2. 在充分打发的蛋液中放入香草精，分2～3次掺入面团，拌匀。

3. 把碗边缘擦干净，使油脂处于碗体中间，放入高筋粉和杏仁粉，用刮刀切拌均匀。

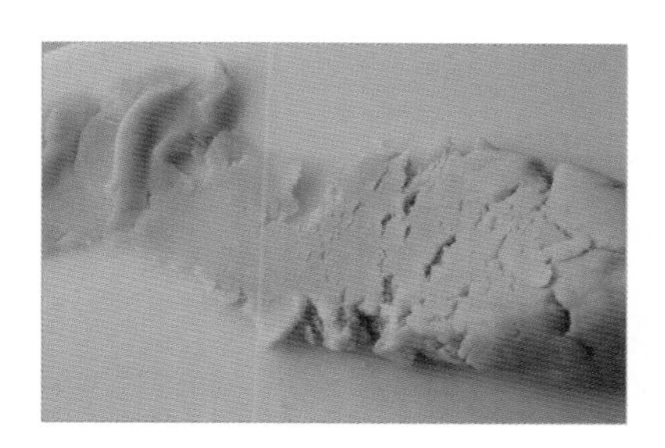

4. 拇指朝下，用手掌边擀边和，使其无结块。

5. 把胚料覆上保鲜膜，冷藏静置1小时以上。

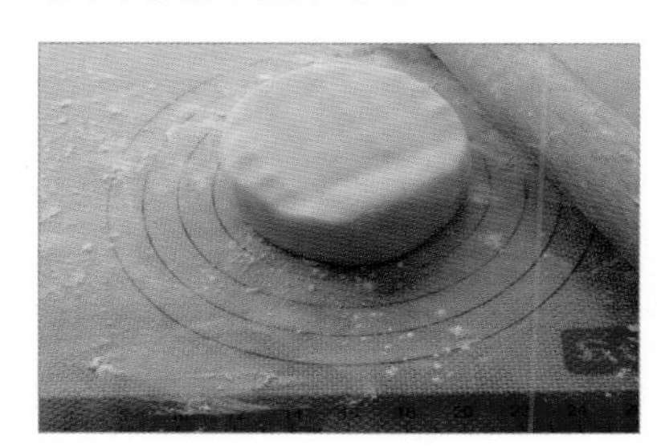

6. 把面胚整形成柱形。

7. 撒些面粉，用擀面杖擀成比派模稍大的薄片。

8. 放入派模，紧贴模内壁，用擀面杖把多余部分去掉。

9. 用拇指紧压，使内壁和底面的面皮和派模紧密贴合，无缝隙。

10. 用抹刀或刀背把派皮沿鼓起的部分整理平整。

11. 为使底面的派皮不鼓起，用叉子做出凸凹纹理。

12. 剪一块比派模大的硅油纸，放在面胚上面。

13. 在硅油纸上放压石，在预热温度为170℃的烤箱中烘烤10～15分钟。

14. 把加热的硅油纸和压石小心拿走，压石放在筛中，冷却。

15. 直接烤覆好面皮的派模，或刷一层蛋液放置10分钟后，再烘烤。

使用食品搅拌机

1. 把过筛的低筋粉、杏仁粉、糖粉置于碗中，均匀撒入切成小块的黄油。

2. 边旋转边把黄油切拌捣碎成奶油酥粒状。中放入鸡蛋和香草精，小幅度晃动。

3. 如片刻后胚料成团，用与基本面胚5～15相同的方法制作派模。

草莓奶油派

160℃ 30分钟 ★

食材：（8寸派模1个，或6寸派模2个）

奶油奶酪 350g
细砂糖A 60g
淡奶油 50g
细砂糖B 10g
柠檬汁 1份
柠檬皮 1/2份
草莓 1袋
糖浆（或光泽剂）适量

用甜甜的奶油奶酪和新鲜的草莓轻松制作而成的美味甜品。也可用多种水果代替草莓。因水分大，把派胚刷一层蛋液烘烤，放入填充物和水果后，在短时间内品尝为宜。

1 参照243页，先烘烤派胚，在碗中轻缓地打发好的奶油奶酪中，放入细砂糖A。

2 在另一个碗中，放入淡奶油和细砂糖B，利用搅拌器稍微搅拌。

3 在1中放入2，混合均匀，掺入柠檬汁和柠檬皮，拌匀，装入裱花袋。

柠檬皮的制法参照277页

4 把草莓洗净，沥干，除去尾部，留出一个，剩下的从中间竖着切开。

5 在派胚上填满3，把整个的草莓放在中心后，把切成两半的草莓绕圈装饰在表面，稍微按一下。

6 抹上糖浆或光泽剂，置于冰箱中静置。

柠檬奶酪派

160℃ 25分钟 ★

食材：（8寸派模1个，或6寸派模2个）

奶油奶酪 130g
黄砂糖 40g
淡奶油 50g
酸奶 50g
玉米淀粉 1大匙
鸡蛋 1个
柠檬汁 15g
柠檬果粒 适量
香草精 少许

让人联想到烤制奶酪蛋糕的口味。清新的柠檬香、柔软的奶酪填充物和酥脆的派组合成的风味美食，让您尽享幸福生活。加入蓝莓、蔓越莓或果酱等，都是非常好的搭配。

1 把黄油充分搅拌，放入黄砂糖搅拌后，倒入酸奶，拌匀。

2 在1中放入常温淡奶油和鸡蛋，拌匀后放入玉米淀粉。

3 过筛，充分打发。

4 放入柠檬汁、香草精、柠檬果粒，拌匀。

5 在派模中填入4的填充物，放入预热温度为160℃的烤箱中烘烤30分钟。

6 把出炉的派充分冷却后，离模。

杏仁派&香蕉派

杏仁派&香蕉派只需准备派模，即可简单制作出派，以杏仁填充物为主料，可加入蓝莓、栗子、榛仁等多种食材。

170℃ 20分钟 ★

食材：（8寸派模1个，或6寸派模2个）

杏仁粉 60g
黄油 60g
黄砂糖 50g
鸡蛋 1个
香草精 少许
杏仁片 100g

1 把常温黄油充分搅拌，放入黄砂糖后，拌匀。

2 在搅拌好的蛋液中，放入香草精后，把混合液分两三次倒入1中，拌匀。

3 加入杏仁粉，搅拌均匀。

4 装入裱花袋。

5 在派胚中填入4，用杏仁片装饰后，放入预热温度为170℃的烤箱中烘烤20分钟。

Tip

在用巧克力面胚制成的派中，放入加有20g巧克力奶油和香蕉后烘烤，更美味可口。

核桃派

到了秋天更想念的味道。也可用碧根果代替核桃，不是颗粒状，粉状也可以。但我喜欢细嚼大粒的核桃。可以使用一般细砂糖，但我建议使用风味醇厚的赤砂糖。

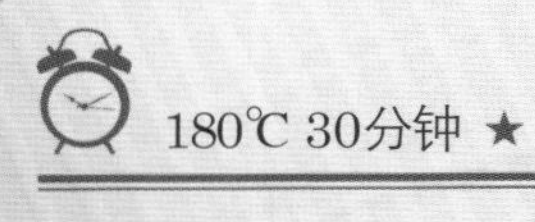

180℃ 30分钟 ★

食材：（8寸派模1个，或6寸派模2个）

赤砂糖 55g
鸡蛋 75g
融化的黄油 20g
蜂蜜 60g
杏仁粉 15g
低筋粉 10g
肉桂粉 2g
核桃 230g

1 放入预热温度为180℃的烤箱中烘烤5分钟。

2 用隔水加热的方法加热赤砂糖、鸡蛋、融化的黄油、蜂蜜，直到赤砂糖颗粒融化一半。

3 放入过筛的粉料（低筋粉，杏仁粉，肉桂粉），拌匀。

4 过筛3后，搅打。

5 放入核桃，拌匀。

6 填充派模，在预热温度为170℃的烤箱中烘烤30分钟。

Special Tip

使用在烘烤食材专销店可以很容易买到的黄砂糖或蜜糖赤砂糖，制品更独具风味。

香橙核桃意式脆饼

不放黄油，放少量植物油而制成的脆饼。含油量少，有点发硬，但切成薄片，酥脆中弥漫着浓浓的橙香。

180℃ 20分钟 → 5～7分钟★

食材：（15个）

中筋粉 225g
黄砂糖 150g
盐 2g
泡打粉 2小匙
杏仁片 50g
橙皮 1个份
橙汁 1大勺
鸡蛋 2个
植物油 1大勺

1 把除黄砂糖以外的粉料（中筋粉、盐、泡打粉）过筛。

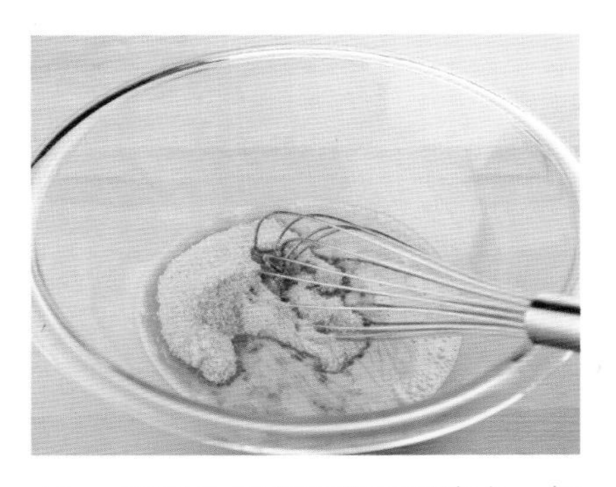

2 在充分打发的常温蛋液中，加入黄砂糖，搅打，直到蛋液色呈白色，黄砂糖颗粒溶解一半。

橙皮制法可参照257页

3 放入橙皮和橙汁，拌匀。

4 放入植物油，搅拌，并把碗的边缘整理干净。

5 把过筛的粉料覆在油脂上面，切拌，还可看见生面粉时，加入杏仁片，搅拌。

6 和成面团后，擀成1～1.5cm厚度，在预热温度为180℃的烤箱中烘烤20分钟。

7 把6从烤箱中取出，冷却，用面包刀切成0.7～1cm厚。

8 把切面朝上，重新放在烤箱中，在预热温度为180℃的烤箱中烘烤5～7分钟，注意着色。

9 翻过来，把另一面也烤至褐色，移至冷却网，冷却。

意式坚果脆饼

没有一点油脂的脆饼。只用两个鸡蛋和面，面胚本来就稍硬，再搓捽几次面胚，就会硬得咬不动了。和面时轻缓搓揉，稍微烤一下，蘸牛奶或茶食用，更独具风味。

180℃ 20分钟 → 5～7分钟★

食材：（25个）

鸡蛋 2个
黄砂糖 145g
低筋粉 270g
泡打粉 4g
杏仁 90g
开心果 40g
榛仁 40g
盐 2g
铺面 适量

1 把除黄砂糖以外的粉料（低筋粉、泡打粉和盐）过筛。

2 把坚果类放在预热温度为180℃的烤箱中烘烤5分钟，冷却。

3 在充分打发的室温蛋液中放入黄砂糖，搅打，直到蛋液色呈白色，黄砂糖颗粒溶解一半。

4 放入过筛的粉料、切拌，还可看见生面粉时，加入坚果。

5 把面胚2等分，以2cm的厚度装盘。

6 放在预热温度为180℃的烤箱中烘烤20分钟。

7 把6从烤箱中取出，冷却10分钟，利用面包刀切成1cm厚的片状。

8 切面朝上，重新装盘。

9 在预热温度为180℃的烤箱中烘烤5～7分钟，注意着色，翻过来，另一面也烤至褐色，移至冷却网，冷却。

意式巧克力脆饼

加入黄油的脆饼，口感变得柔软，烤好后，翻过来时易碎，所以要注意，无整个杏仁，用杏仁片也可。

175℃ 25分钟 → 5～7分钟★

食材：（25个）

黄油 85g
黄砂糖 130g
中筋粉 265g
可可粉 30g
泡打粉 4g
盐 2g
鸡蛋 2个
奶油巧克力 85g
杏仁 85g
蔓越莓干 35g

1 把除黄砂糖以外的粉料（中筋粉、可可粉、泡打粉和盐）过筛。

2 把常温黄油充分打发，放入黄砂糖拌匀。

3 把打发好的蛋液分2～3次混入胚料，搅拌。

4 把1过筛的粉料撒在3上，用刮刀切拌。

5 还可看见生面粉时，加入奶油巧克力、杏仁、蔓越莓干，搅拌。

6 和成团，把面胚擀成2cm厚，装入烤盘。

7 在预热温度为180℃的烤箱中烘烤20分钟。

8 把7从烤箱中取出，冷却10分钟，利用面包刀切成1～1.5cm厚片状。

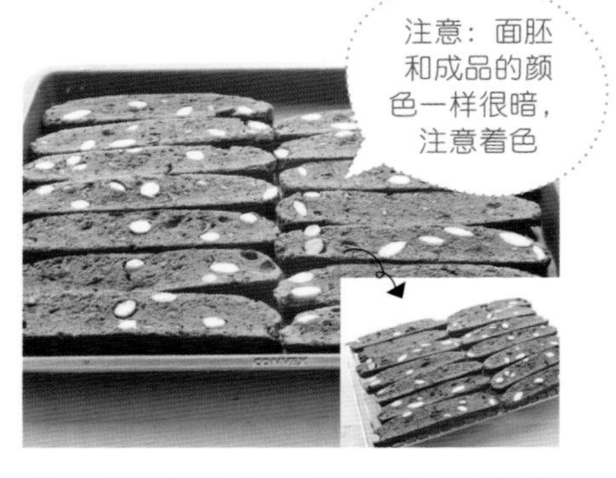

9 切面朝上，在预热温度为180℃的烤箱中烘烤5～7分钟，翻过来，另一面也烤至褐色。

橙皮＆橙汁的制作

1. 在煮沸的水中放入橙子，使橙子在沸水中滚动，稍微焯一下，把表面的蜡和异物除去。
2. 把捞出的橙子用粗盐搓揉擦拭。
3. 再用烘焙用苏打擦揉后，再用水冲一下。
4. 用果皮刮刀或刨刀把里面白色部分以外的橙皮磨下来，完成制作。
5. 为更容易榨出橙汁，可在面板上用力向下按，把橙子滚几圈后，切成2半，再榨汁。

柠檬皮＆柠檬汁的制作

1. 用蘸了酒的洗碗巾擦拭，或在水中稍微焯一下，除去蜡。
2. 为不让农药残留，用粗盐或烘焙用苏打搓揉擦拭。
3. 用流水冲洗干净。
4. 用果皮刮刀或刨刀，只把皮剥下来（柠檬填充物制作完成）。
5. 把里面白色部分以外的柠檬皮削下来，剩下的部分用来榨柠檬汁（柠檬汁制作完成）。
6. 把削下来的柠檬皮放在冷冻室，柠檬汁放在冷藏室保存。

Part 4

在特别的日子，通常会制作特别的蛋糕。因外观精美的蛋糕而有名的景琅独家公开了多种蛋糕制法和装饰技法，一步一步跟着学的话，就会制作出可以和专业烘焙技师相媲美的蛋糕，初学者可以先从简单的麦芬做起，加上美轮美奂的点缀，精致美味的蛋糕就做好了！

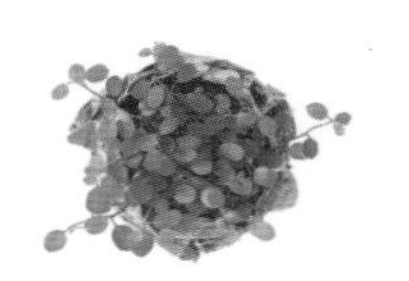

蛋糕

香草麦芬

有香草味的麦芬，放入少量常温黄油、细砂糖、鸡蛋，按基本步骤操作就可制作出松软的麦芬。在中间插入竹签，拿出时不沾胚料，即完成制作。

180℃ 25分钟 ★

食材：（5～6个）

黄油 70g
细砂糖 60g
盐 1g
牛奶 50g
鸡蛋 1个
低筋粉 110g
泡打粉 2g
香草精 少许

1 在常温下放置的柔软黄油中，分两三次放入细砂糖和盐，用手握搅拌器搅拌。

2 分三四次放入打发好的蛋液，拌匀，加入香草精，充分打发。

3 放入一半牛奶。

4 放入提前过好筛的低筋粉和泡打粉，用刮刀切拌。

5 放入剩下的牛奶，搅拌均匀至顺滑。

6 在麦芬模中，铺硅油纸，放入80%胚料即可。在预热温度为180℃的烤箱中烘烤25分钟。

麦芬
应用篇 1

摩卡麦芬

如喜欢咖啡味道，可在面胚中加入速溶咖啡，烤制麦芬时，屋子里弥漫着咖啡香气，连心情都很愉悦，家人团聚时的首选美食。

180℃ 25分钟 ★

食材：（5～6个）

黄油 70g
细砂糖 60g
盐 1g
牛奶 60g
鸡蛋 1个
低筋粉 120g
泡打粉 2g
速溶咖啡 1大匙

1 在牛奶中放入速溶咖啡，拌匀，制成咖啡牛奶。

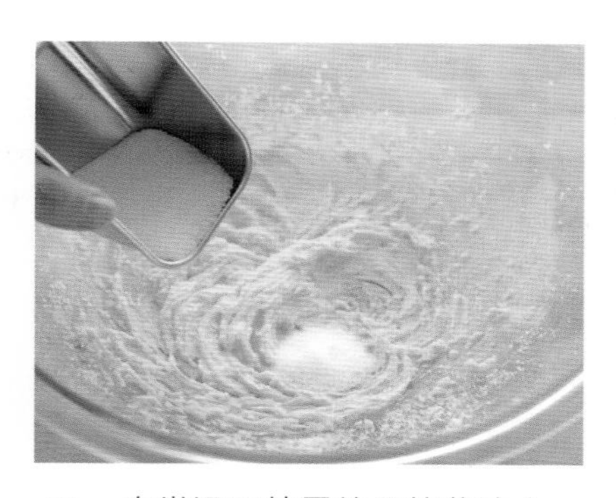

2 在常温下放置的柔软黄油中，分两三次放入细砂糖和盐，用手握搅拌器搅拌。

3 分三四次放入打发好的蛋液，拌匀，充分打发。

4 放入一半咖啡牛奶。

5 放入提前过好筛的低筋粉和泡打粉，用刮刀切拌。

6 放入剩下的咖啡牛奶，搅拌均匀至顺滑。

7 在麦芬模中，铺硅油纸，放入80%胚料即可。在预热温度为180℃的烤箱中烘烤25分钟。

香蕉麦芬

在基本麦芬中加入香蕉制成，小时候，香蕉只有在生病的时候才吃，放入熟透的皮变为褐色的香蕉，更美味。

180℃ 25分钟 ★

食材：（5～6个）

黄油 70g	泡打粉 2g
细砂糖 60g	牛奶 50g
盐 1g	鸡蛋 1个
低筋粉 100g	香蕉 100g

1 在常温下放置的柔软黄油中，分两三次放入细砂糖和盐，用手握搅拌器搅拌。

2 分三四次放入打发好的蛋液，拌匀，充分打发。

3 放入一半捣碎的香蕉和牛奶。

4 放入提前过好筛的低筋粉和泡打粉，用刮刀切拌。

5 放入剩下的牛奶。

6 搅拌均匀至顺滑。

7 在麦芬模中，铺硅油纸，放入80%胚料即可。在预热温度为180℃的烤箱中烘烤25分钟。

Tip

如有核桃，在5～6步中放入核桃，搅拌后烘烤，酥香的核桃和香蕉很搭配。

巧克力麦芬

在基本面胚中加入可可粉，制品会有巧克力浓郁的香气，放上巧克力块，口感会更香甜。外面下着雨，不知道做点什么吃时，把巧克力麦芬真诚推荐给您。

180℃ 25分钟 ★★

食材：（5～6个）

黄油 70g
细砂糖 60g
盐 1g
鸡蛋 1个
牛奶 70g
低筋粉 110g
可可粉 20g
泡打粉 2g
巧克力 50g

1 在常温下放置的柔软黄油中，分两三次放入细砂糖和盐，用手握搅拌器搅拌。

2 分三四次放入打发好的蛋液，拌匀，充分打发。

3 放入一半牛奶。

4 放入提前过好筛的低筋粉、可可粉和泡打粉，用刮刀切拌。

5 放入剩下的牛奶，搅拌均匀至顺滑。

6 放入巧克力搅拌。

7 在麦芬模中，铺硅油纸，用裱花袋，挤入80%胚料。

8 在面胚上，放巧克力，在预热温度为180℃的烤箱中烘烤25分钟。

9 在中间插入竹签，拿出时不沾胚料，即完成制作。

180℃ 25分钟 ★

材料：（5～6个）

无盐黄油 70g	低筋粉 140g
黄砂糖 65g	泡打粉 2g
细砂糖 20g	牛奶 60g
盐 1g	冷冻蓝莓 120g
鸡蛋 1个	

⊙面包屑

黄油 50g	低筋粉 50g
细砂糖 50g	杏仁粉 50g

蓝莓麦芬

在麦芬面胚中加入蓝莓制成，酸甜的蓝莓和松香的面包屑。

面包屑的制作

1 把黄油打发至柔软，放入细砂糖。

2 放入过筛的低筋粉和杏仁粉，拌匀，用刮板切拌，不能结块。

3 松软的面包屑制好后，覆上保鲜膜，冷藏保存。

面胚的制作

4 在常温下放置的柔软黄油中，分2～3次放入细砂糖、黄砂糖和盐，用手握搅拌器搅拌。分3～4次放入打发好的蛋液，拌匀后充分打发。

5 放入一半牛奶，加入过筛的低筋粉和泡打粉，用刮刀切拌。

6 放入剩下的牛奶，搅拌均匀至顺滑。

7 放入冷冻蓝莓。

8 在麦芬模中铺硅油纸，用裱花袋挤入80%胚料。

9 把冷藏保存的面包屑放在麦芬上，在预热温度为180℃的烤箱中烘烤25分钟。

奥利奥麦芬

大人们对黑色的奥利奥曲奇很陌生，但孩子们认为很好吃，除去奥利奥中间的白色奶油后，放入面胚中烘烤，更是孩子喜欢的美味。

180℃ 25分钟 ★

食材：（5～6个）

无盐黄油 70g
细砂糖 70g
盐 1g
鸡蛋 1个
低筋粉 100g
泡打粉 2g
原味酸奶 60g
牛奶 1～2大匙
奥利奥曲奇 7个（装饰用2个，面胚用5个）

1 除去奥利奥曲奇里面的奶油，放入自封袋中，压碎。

2 在常温下放置的柔软黄油中，分2～3次放入细砂糖和盐，用手握搅拌器搅拌。

3 分3～4次放入打发好的蛋液，拌匀，打发至一定体积。

4 放入一半酸奶，搅拌。

5 加入过筛的低筋粉和泡打粉，用刮刀切拌。

6 放入粉碎的奥利奥曲奇，拌匀。

7 放入剩下的酸牛奶，搅拌，面胚变黏稠时，放入牛奶，调节浓度。

8 在麦芬模中，铺硅油纸，用裱花袋，挤入80%胚料。

在中间插入竹签，拿出时不沾胚料，即完成制作

9 把奥利奥曲奇切两半，放在胚料上做装饰，在预热温度为180℃的烤箱中烘烤25分钟。

迷你奥利奥麦芬制作

Special Tip

奥利奥麦芬面胚放在迷你麦芬烤盘上烘烤，一口大小，适宜作为孩子常吃的小点心。

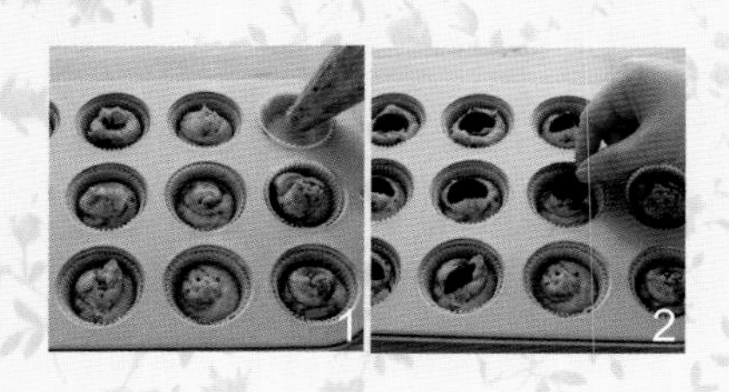

整齐放入口袋，包装后，玲珑的外观，让人不由得笑出声来。

迷你巧克力豆麦芬

放了许多巧克力制成的一种麦芬。黄砂糖的浓香和巧克力的香甜，在懒散的午后，再沏一杯茶——多么惬意的生活啊。

180℃ 25分钟 ★

食材：（12～15个）

黄油 70g	鸡蛋 1个
黄砂糖 50g	低筋粉 100g
细砂糖 20g	泡打粉 2g
盐 1g	烘焙用苏打 1g
牛奶 30g	巧克力豆 30g

1 在常温下放置的柔软黄油中，分两三次放入细砂糖、黄砂糖和盐，用手握搅拌器搅拌。

2 分三四次放入打发好的蛋液，拌匀，充分打发至一定体积。放入一半牛奶，搅拌。

3 加入过筛的低筋粉、泡打粉和烘焙用苏打，用刮刀切拌。

4 放入剩下的牛奶，搅拌至顺滑。

5 放入巧克力豆，搅拌均匀。

6 在麦芬模中，铺硅油纸，挤入80%胚料。

7 把巧克力豆放在胚料上做装饰，在预热温度为180℃的烤箱中烘烤25分钟。

8 移至冷却网冷却。

Tip
迷你麦芬模在烘焙用品商店很容易买到。

焦糖香蕉麦芬

用制成焦糖的香蕉做成的一种麦芬。像穿了华丽的衣服，让人很有食欲，甜甜的、富含水分的口味，备受青睐。

180℃ 20～25分钟 ★

食材：（5～6个）

⊙焦糖香蕉

香蕉 2个　　黄油 30g
细砂糖 30g　　朗姆酒 1小匙

⊙麦芬面胚

黄油 100g　　细砂糖（面胚用）40g
蛋白 2个　　低筋粉 100g
蛋黄 2个　　泡打粉 2g
香草精 少许　　椰蓉（装饰用）少许
细砂糖（蛋白糖霜用）60g

焦糖香蕉制作

1 在锅内放入细砂糖，使其融化，直到开始呈褐色，放入黄油。

2 把香蕉切成块，用木铲子翻拌，煮沸。

3 直到熬成焦糖色。

4 放入朗姆酒（朗姆酒香味使材料味道更浓厚），完成制作。

5 装入碗中，冷却。

面胚的制作

6 把常温下放置的柔软黄油充分打发，放入细砂糖，搅拌。

7 放入蛋黄和香草精，搅拌至顺滑。

蛋白糖霜制法请参照20页

8 在蛋白中分两三次放入细砂糖，打发成稠厚的蛋白糖霜。

9 在7的蛋黄胚料中，放入一半8的蛋白糖霜。

10 放入过筛的低筋粉和泡打粉。

11 放入剩下的一半蛋白糖霜。

12 在麦芬模中，铺硅油纸，挤入80%胚料。

13 放上焦糖香蕉。

14 撒上椰蓉，在预热温度为180℃的烤箱中烘烤20～25分钟。

香草纸杯蛋糕

一人份的纸杯蛋糕，发源于美国，在小的瓷器杯中盛蛋糕胚料，烤制而成的瓷杯蛋糕。在聚餐时，分起来比较方便。如果想举办宴会，可制作挂多种糖衣的纸杯蛋糕。可使餐桌更添光彩华丽，是让宾客一饱眼福的美食。

Tip

香草纸杯蛋糕和各种糖衣都很搭配。充分打发淡奶油，用水果做装饰。也可作为生日蛋糕。

180℃ 25分钟 ★

食材：（5～6个）

蛋黄 2个
细砂糖A 50g
低筋粉 100g
泡打粉 2g
蛋白 2个
黄油 40g
牛奶 20g
细砂糖B（蛋白糖霜用）40g

⊙淡奶油

淡奶油 100g
细砂糖 10g

1 充分打发蛋黄，放入细砂糖A。

2 用搅拌机搅拌至淡黄色。

3 放入一半过筛的低筋粉和泡打粉。

4 把蛋白和细砂糖B混合，加入1/3的搅拌好的稠厚的蛋白糖霜，搅拌。

5 放入剩下的过筛低筋粉和泡打粉。

6 放入剩下的蛋白糖霜，搅拌。

7 在牛奶中加入黄油，隔水加热融化，混合搅拌。

8 在麦芬模中，铺硅油纸，挤入80%胚料。在预热温度为180℃的烤箱中烘烤25分钟。

9 在制好的纸杯蛋糕上，用淡奶油和细砂糖打发而成的稠厚的淡奶油做装饰。

巧克力纸杯蛋糕

加入融化的甜中带苦的巧克力，制成淡奶油做装饰。如果觉得黄油奶油糖衣制作起来繁琐，可直接用淡奶油做装饰。用心形曲奇装饰表面，就变身为给情人节增添节日气氛的精美蛋糕啦。

180℃ 25分钟 ★

食材（5~6个）

蛋黄 2个	泡打粉 2g
细砂糖A 50g	蛋白 2个
低筋粉 90g	黄油 40g
可可粉 10g	牛奶 20g

细砂糖B（蛋白糖霜用）40g

⊙装饰用

淡奶油 100g	牛奶巧克力 70g

1 充分打发蛋黄，放入细砂糖A，用搅拌机搅拌至淡黄色。

2 放入过筛的低筋粉、可可粉和泡打粉，拌匀。

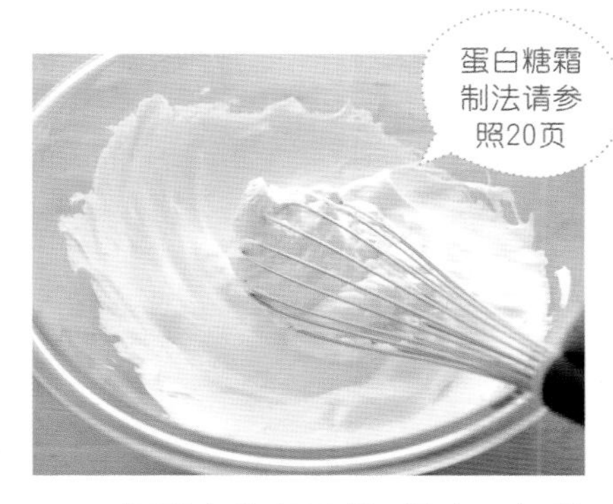

3 把蛋白和细砂糖B混合，打发成稠厚的蛋白糖霜。

4 2中加入1/3蛋白糖霜，搅拌后，把剩下的蛋白糖霜分几次放入。

5 在牛奶中加入黄油，隔水加热融化后，加在面胚中，搅拌至顺滑。

6 用裱花袋在铺有硅油纸的麦芬模中，挤入胚料填充，在预热温度为180℃的烤箱中烘烤25分钟。

7 把纸杯蛋糕移至冷却网，冷却。

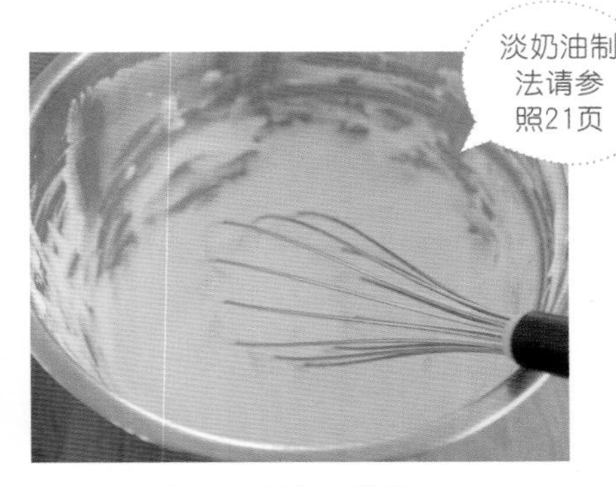

8 把淡奶油搅打至稠厚。

9 在淡奶油中放入融化的巧克力，拌匀后，装饰纸杯蛋糕。

纸杯蛋糕
应用篇 2

勃朗峰栗子纸杯蛋糕

恋上装饰在上面的栗子，把栗子奶油挤成山峰一样的形状，用来装饰蛋糕。阿尔卑斯山勃朗峰形状的蛋糕。为了表现出山上的积雪，别忘了撒上糖粉。

180℃ 25分钟 ★

食材：（5～6个）

蛋黄 2个	蛋白 2个
细砂糖A 50g	黄油 40g
低筋粉 90g	牛奶 20g
可可粉 10g	淡奶油 100g
泡打粉 2g	

细砂糖B（蛋白糖霜用）40g

⊙糖稀

水 100g	细砂糖 50g

⊙装饰

栗子糊 200g	熟栗子 5～6个
淡奶油 150g	糖粉 适量

1 参照280页巧克力纸杯蛋糕的制法，和成面胚。

2 烘烤纸杯蛋糕的时，轻轻搅拌栗子糊，加入50g淡奶油，搅拌顺滑。

3 把所有烤好的纸杯蛋糕都移至冷却网，冷却。

4 把水和细砂糖煮沸，制成糖稀，抹在表面，呈湿润状。

淡奶油制法请参照21页

5 把剩余的100g淡奶油打发成稠厚的淡奶油装入嵌有圆形裱花嘴模的裱花袋，在纸杯蛋糕上挤圆形牛角状，在嵌有勃朗峰裱花嘴模的裱花袋中装入栗子糊，一圈绕一圈地挤出圈形。

6 在纸杯蛋糕中间放入蒸熟的栗子，撒上糖粉。

抹茶纸杯蛋糕

中间有甜豆沙的纸杯蛋糕。抹茶和甜豆沙的完美搭配，让抹茶纸杯蛋糕受到众多人的青睐。

180℃ 25分钟 ★

食材：（5～6个）

黄油 100g	泡打粉 2g
糖粉 90g	抹茶粉 7g
鸡蛋 70g	炼乳 30g
蛋黄 20g	甜豆沙 90g
低筋粉 110g	香草精 少许

⊙抹茶糖衣

奶油奶酪 100g	糖粉 20g
黄油 30g	抹茶粉 5g

1 在常温下放置的柔软黄油中，分2～3次放入糖粉，用手握搅拌器搅拌。

2 分3～4次放入打发好的鸡蛋和蛋黄，拌匀，放入香草精。

3 放入炼乳后，加入过筛的低筋粉、泡打粉和抹茶粉，用刮刀切拌。

4 在麦芬模中，铺硅油纸，挤入50%胚料。

5 把甜豆沙分成元宵状的若干份，每份15g。

6 把甜豆沙放在胚料上。

7 挤出剩下的胚料。在预热温度为180℃的烤箱中烘烤25分钟。移至冷却网冷却。

抹茶糖衣的制作

8 烘烤纸杯蛋糕的这段时间，可用来做抹茶糖衣。把奶油奶酪和黄油轻柔搅拌后，放入糖粉，拌匀。

9 放入抹茶粉，搅至顺滑，制作抹茶糖衣，装饰在纸杯蛋糕表面。

柠檬纸杯蛋糕

在奶油奶酪的面胚中加入紫苏籽制成的纸杯蛋糕，紫苏籽是紫苏的种子，咀嚼时的口感很有趣，在纸杯蛋糕表面用奶油奶酪糖衣装饰后，成品和专卖店纸杯蛋糕不相上下。

180℃ 25分钟 ★

食材：（7～8个）

黄油 100g
奶油奶酪 150g
细砂糖 120g
鸡蛋 2个
低筋粉 220g
泡打粉 2g
柠檬汁 1大匙
原味酸奶 60g
紫苏籽 1大匙

⊙奶油奶酪糖衣

奶油奶酪 100g
黄油 30g
糖粉 20g

1 把常温下放置的柔软黄油和奶油奶酪轻柔搅拌，分两三次放入细砂糖，用手握搅拌器搅拌至呈淡黄色。

2 分三四次放入打发好的蛋液，打发至一定体积。

3 放入原味酸奶和柠檬汁，用搅拌器轻柔搅拌。

4 加入过筛的低筋粉、泡打粉和紫苏籽，用刮刀轻轻切拌。

5 在麦芬模中，铺硅油纸，挤入胚料，在预热温度为180℃的烤箱中烘烤25分钟。

制作奶油奶酪糖衣

6 把奶油奶酪和黄油轻柔搅拌后，放入糖粉，搅拌至顺滑，制作奶油奶酪糖衣，装饰在纸杯蛋糕表面。

可可纸杯蛋糕

奶油奶酪中加入可可粉制成的美食，作为礼物送给喜欢可可的朋友吧。

180℃ 25分钟 ★

食材：（5～6个）

无盐黄油 40g	低筋粉 20g
奶油奶酪 120g	可可粉 20g
细砂糖 100g	杏仁粉 80g
鸡蛋 2个	泡打粉 2g

⊙可可糖衣

奶油奶酪 130g	糖粉 40g
黄油 20g	可可粉 15g

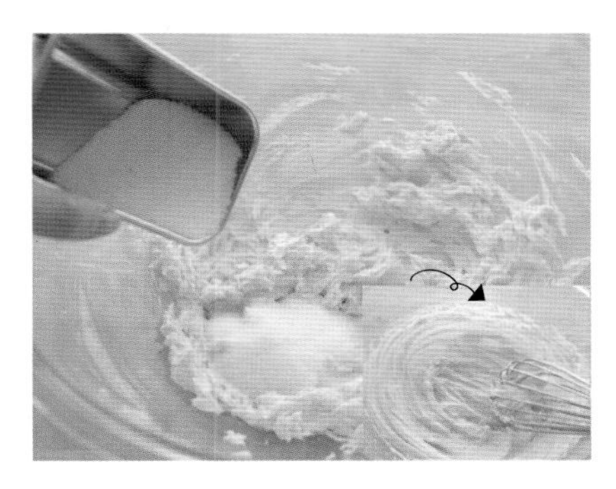

1 把常温下放置的柔软无盐黄油和奶油奶酪轻柔搅拌，分两三次放入细砂糖，用手握搅拌器搅拌至淡黄色。

2 分三四次放入打发好的蛋液，打发至一定体积。

3 加入过筛的低筋粉、可可粉、杏仁粉、泡打粉，用刮刀切拌。

4 在麦芬模中，铺硅油纸，挤入胚料。在预热温度为180℃的烤箱中烘烤20分钟。

可可糖衣的制作

5 烘烤纸杯蛋糕的这段时间，制作可可糖衣，把奶油奶酪和黄油混合，搅拌。

6 放入糖粉和可可粉，搅拌至顺滑，制作可可糖衣。

7 把烘烤好的蛋糕移至冷却网。

8 把可可糖衣放在裱花袋内，装饰纸杯蛋糕表面。

用多种食材装饰的精美纸杯蛋糕

Special Tip

纸杯蛋糕上开出的漂亮花朵，不舍得吃，想一直看着，把精美的纸杯蛋糕作为生日礼物送给别人，也会很受欢迎的。为所爱的人做份精美的纸杯蛋糕，来表达对他的感情吧。

原味磅蛋糕

磅蛋糕起源于英国，以比例相同的细砂糖、面粉、黄油、鸡蛋制成。原味磅蛋糕散发着浓浓的奶油香，烤好后，从模上取下，放到冷却网冷却，表面刷朗姆酒，放置一天的口感更柔润。

170～180℃ 25～30分钟 ★

食材：（磅蛋糕模1个）

黄油 100g
细砂糖 100g
鸡蛋 100g
香草精 少许
低筋粉 100g
泡打粉 2g
朗姆酒 少许

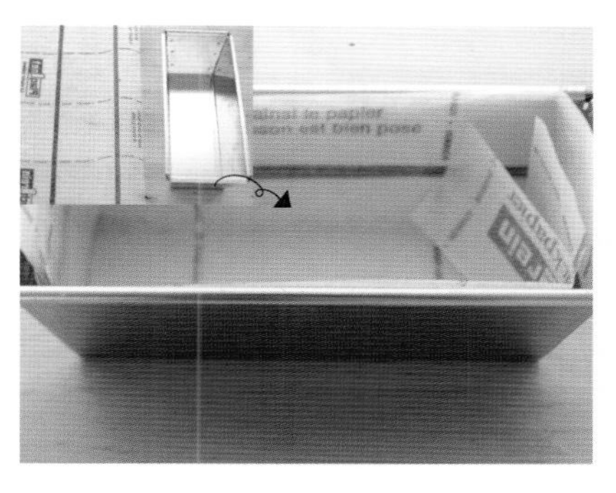

1 有涂层的磅模，可在模上抹黄油，撒高筋粉（不包含在食材中的粉量），再抖掉，没有涂层的磅模，可铺上硅油纸，如图。

2 按一下放在室温下的黄油，能按进去时，把黄油充分搅拌。

3 放入细砂糖，用搅拌器搅拌。

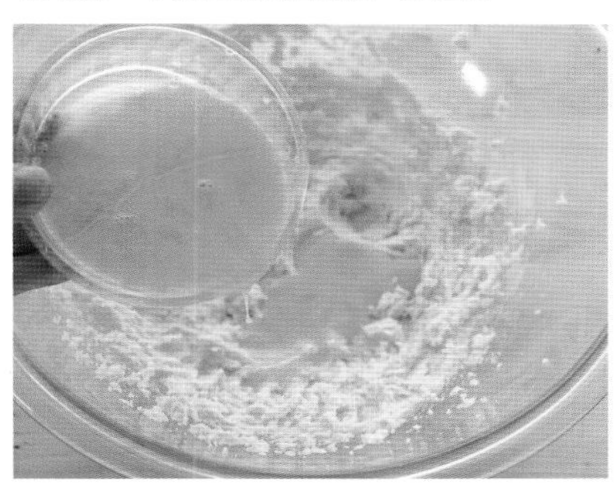

4 把打发好的蛋液分几次一点点放入，搅拌至奶油状，加入香草精。

5 加入过筛的低筋粉、泡打粉，用刮刀小心切拌。

6 搅拌至顺滑，直至看不到白色面粉。

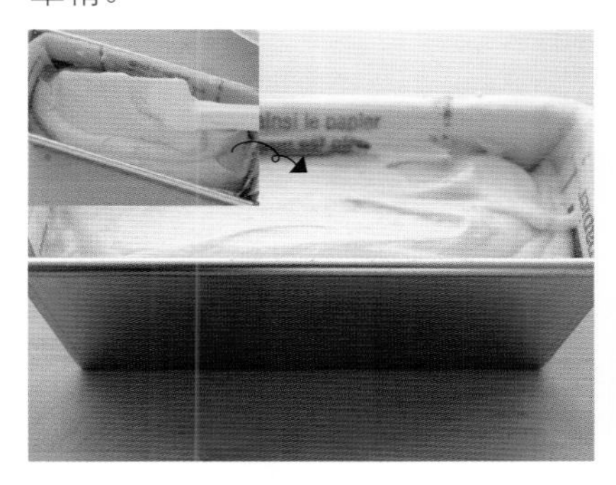

7 把胚料装入磅模，在案板上摔几次，除去里面的空气，在预热温度为180℃的烤箱中烘烤25～30分钟。

8 10～15分钟后，生成外皮时，取出磅模，在中间划长刀口。

9 把竹签插到中间部分，取出时如不沾胚料，则烘烤结束。冷却后，刷朗姆酒。

浓情朱古力

前一天提前做好，野餐时带去，一定会让大家赞不绝口的糕点。色香味俱全的美食，每个人都会喜欢的。

170～180℃ 25～30分钟 ★

食材：（磅蛋糕模1个）

黄油 100g
细砂糖 100g
鸡蛋 100g
低筋粉 80g
泡打粉 2g
可可粉 20g
黑巧克力 50g
装饰糖 少许

1 把黑巧克力隔水加热融化。

2 把常温下的软化黄油充分搅拌至无结块，放入细砂糖，用搅拌器搅拌。

3 把打发好的蛋液分几次一点点放入。

4 加入过筛的低筋粉、泡打粉、可可粉，小心切拌。

5 放入隔水加热融化的黑巧克力，用铲子搅拌至顺滑。

6 在磅模中铺上硅油纸，小心装入胚料，在案板上摔几次，除去里面的空气。

7 在面胚上撒装饰糖，在预热温度为170～180℃的烤箱中烘烤25～30分钟。

8 把烘烤好的磅蛋糕冷却，可用无花果和开心果装饰。

大理石磅蛋糕

想制作有着像大理石一样漂亮纹理的磅蛋糕，香草面胚和可可面胚的不完全混合是关键，对同时享受两种口味的大理石磅蛋糕，一定心动了吧？

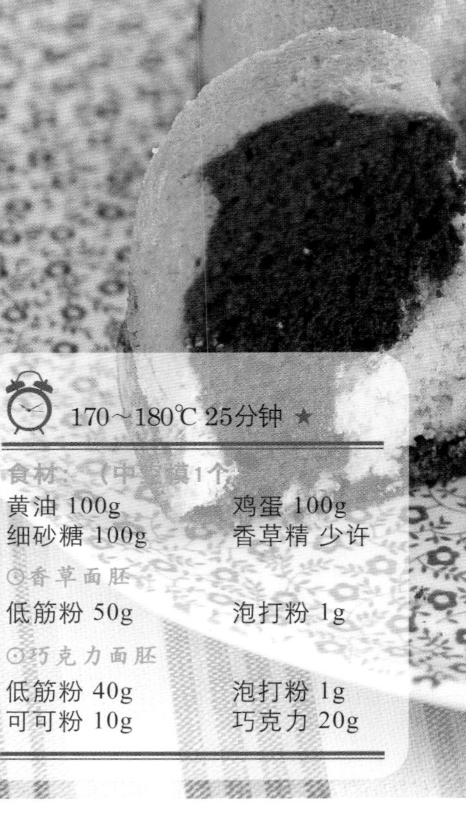

170～180℃ 25分钟 ★

食材：（中[illegible]模1个

黄油 100g	鸡蛋 100g
细砂糖 100g	香草精 少许

⊙香草面胚

低筋粉 50g	泡打粉 1g

⊙巧克力面胚

低筋粉 40g	泡打粉 1g
可可粉 10g	巧克力 20g

1 把常温下的软化黄油充分搅拌至无结块，放入细砂糖，用搅拌器搅拌。

2 把打发好的蛋液分几次一点点放入，加入香草精，搅成乳状。

3 把面胚分成2半，在香草面胚中放入过筛的低筋粉和泡打粉，在巧克力面胚中放入低筋粉、可可粉，掺入融化了的巧克力的泡打粉。

4 小心地把两种面胚交叉放入蛋糕模中，表面整理平整。

5 用竹签搅出大理石条纹，轻轻地在案板上摔三四次，排气，在预热温度为170℃～180℃的烤箱中烘烤25～30分钟。

红薯磅蛋糕

虽然可以在外面买到红薯糊，但亲手制作后，加入磅蛋糕中，更加美味，也可用烤箱烤出的红薯制作，红薯的甘甜让磅蛋糕更加可口。

170～180℃ 25分钟 ★

食材：（小号磅蛋糕模2个）

⊙红薯泥

红薯 100g
细砂糖 20g
糖稀 5g
黄油 15g
牛奶 适量

⊙磅蛋糕面胚

黄油 100g
细砂糖 100g
鸡蛋 100g
低筋粉 125g
泡打粉 2g
红薯泥 70g
红薯块 100g
奶油奶酪 50g

红薯泥的制作

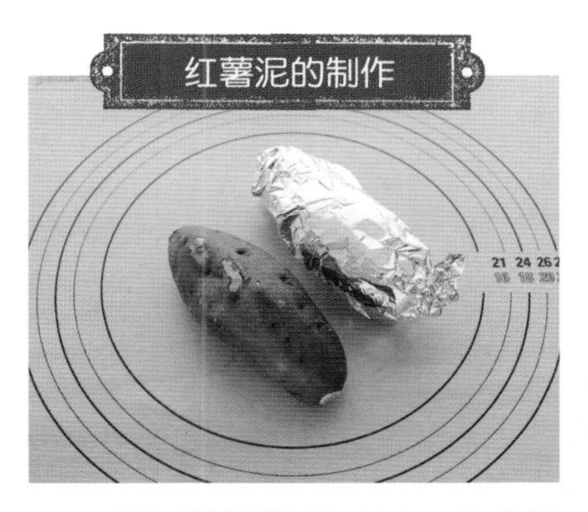

1 把红薯用锡纸包起来，放在烤箱中烤熟（180℃ 35分钟）。

2 红薯去皮，趁热捣碎，放入细砂糖、糖稀和黄油，拌匀。

3 用搅拌器磨碎，加入牛奶调稠度。

面胚的制作

4 在室温下放置的黄油中加入细砂糖，搅成乳状。

5 把打发好的蛋液分几次一点点放入，搅拌。

6 放入过筛的低筋粉和泡打粉，用刮刀切拌。

7 把红薯切成小块，蒸熟后，待用。

留出最后用来作装饰的红薯和奶油奶酪

8 在胚料中，放入3的红薯泥、7的红薯、奶油奶酪，拌匀。留出少量将要放在面胚上的红薯和奶油奶酪。

9 磅模中装入面胚，表面整理平整，把红薯和奶油奶酪放在上面后，在预热温度为170℃～180℃的烤箱中烘烤25分钟，移至冷却网冷却。

赤砂糖磅蛋糕

适合做给孩子和家人吃，既有益健康，又美味可口。如果用有机农业赤砂糖，不仅口感好，还对身体有好处，有机会就来尝一尝风味独特的赤砂糖磅蛋糕吧。

170～180℃ 25～30分钟 ★

食材：（磅蛋糕模1个）

黄油 100g	鸡蛋 100g
赤砂糖 50g	低筋粉 130g
黄砂糖 50g	泡打粉 2g

⊙面包屑

赤砂糖 25g	低筋粉 25g
黄油 25g	杏仁粉 25g

1 制作面包屑，冷藏保管。

2 把常温下的软化黄油充分搅拌，无结块，放入赤砂糖和黄砂糖，用搅拌器搅拌。

3 把打发好的蛋液分几次一点点放入，如果蛋液被冷却，易分离。

4 放入过筛的低筋粉和泡打粉，切拌。

5 在磅模中铺硅油纸，装入胚料，在案板上摔三四次，排气，把冷藏保管的面包屑放在上面。

6 在预热温度为170℃～180℃的烤箱中烘烤25～30分钟，移至冷却网，冷却。

170～180℃ 25～30分钟 ★

食材：（磅蛋糕模1个）

鸡蛋 2个
蛋黄 2个
细砂糖 140g
盐 1g
粗盐 少许
柠檬皮 1个份
柠檬汁 1大匙
低筋粉 100g
泡打粉 2g
融化的黄油 50g

⊙糖衣

糖粉 100g
柠檬汁 20g

⊙装饰

朗姆酒 少许
开心果 杏仁 少许

周末柠檬

把做好的美味点心留一部分，周末再吃，可以消除一周的疲劳，因此得名。加入富含维生素的柠檬，可以补充能量，增加活力。

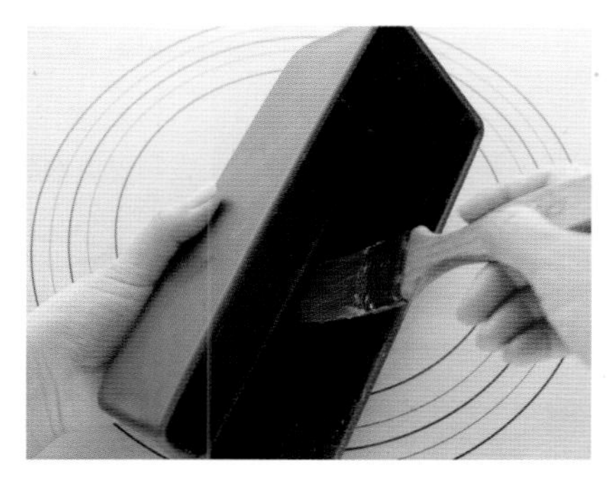

1 在有涂层的磅模内，用毛刷仔细抹上常温下的软化黄油（不包含在食材中的粉量）。

2 撒高筋粉（不包含在食材中的粉量）。

3 再抖掉多余面粉。

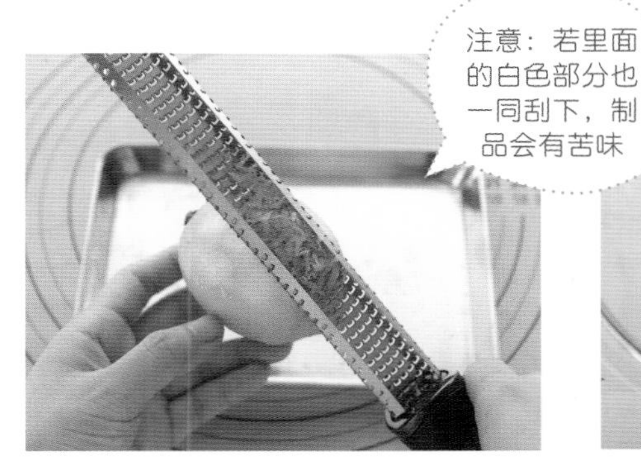

4 柠檬用粗盐擦拭后洗净，用刨刀刮下柠檬皮，待用。

5 把鸡蛋和蛋黄打发，加入细砂糖和盐。

6 搅打发泡，直到呈淡黄色。

7 放入备好的柠檬皮和柠檬汁。

8 加入过筛的低筋粉、泡打粉，为使内部存有气泡，由下至上地顺着碗沿儿边刮边搅拌。

9 把面粉用搅拌机充分搅拌至无结块，表面出现光泽时，放入黄油继续搅拌。

10 在磅模中铺硅油纸，装入胚料，在预热温度为170℃～180℃的烤箱中烘烤25～30分钟。

11 把烤好的磅蛋糕翻过来，移至冷却网，冷却。

12 边用面包刀切去。

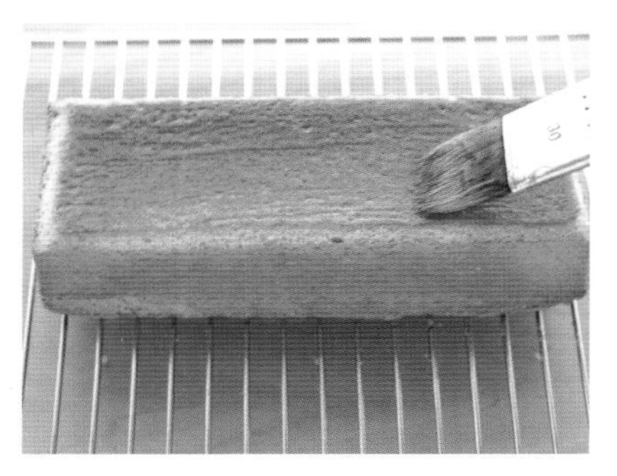

13 表面刷朗姆酒。

14 在糖粉中放入柠檬汁，搅拌至无结块，制作糖衣。

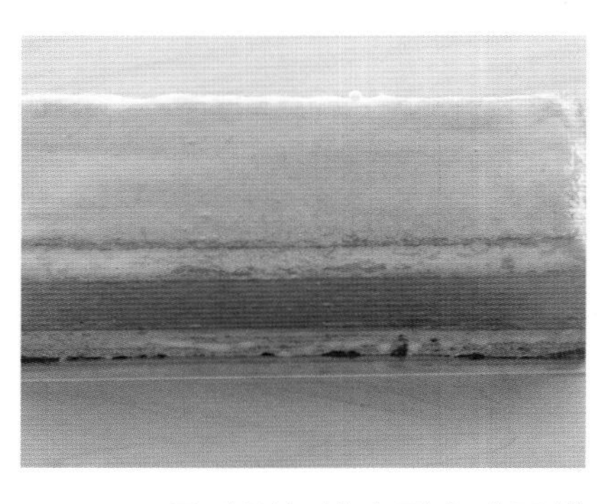

15 用毛刷把糖衣刷在磅蛋糕上，在预热温度为200℃的烤箱中烘烤2分钟。

16 放上开心果杏仁做装饰。

Tip

柠檬汁、柠檬皮的制作方法参照257页。

果脯蛋糕

放入干果，蛋糕显得更加丰盛，把这个饱含真诚的美食，送给家人和朋友吧，会比收到一般的礼物更欣慰的。

170～180℃ 30～35 分钟 ★

食材（6寸圆模1个）

黄油 100g	低筋粉 130g
细砂糖 100g	泡打粉 2g
鸡蛋 100g	朗姆酒 30g

果脯（葡萄干，李子干，橙皮）170g

⊙装饰果脯

橙皮、无花果干、话梅干分别适量

1 在果脯中，倒入朗姆酒，用叉子拌匀。

2 把常温下的软化黄油充分搅拌至无结块，放入细砂糖，用搅拌器搅拌。

3 把打发好的蛋液分几次一点点放入，搅成乳状。

4 放入过筛的低筋粉和泡打粉，用刮刀切拌。

5 放入在朗姆酒中泡过的果脯。

6 搅拌至无白色面粉。

7 在圆模中铺硅油纸，装入胚料，表面整理均匀，在预热温度为170℃～180℃的烤箱中烘烤30～35分钟。

8 把烤好的蛋糕移至冷却网，刷朗姆酒。

9 把果脯装饰在制品表面。

香蕉蛋糕

口感柔润，散发着香蕉的清香，香蕉一剥皮，便马上变色，可用洒柠檬汁的方法解决，来试试吧。

170～180℃ 30～35 分钟 ★

食材：（8寸方模1个）

黄油 140g
细砂糖 135g
盐 少许
鸡蛋 2个
香蕉 2个
柠檬汁（用于做装饰用的香蕉）少许
低筋粉 150g
泡打粉 2g
香蕉（装饰用）1个
朗姆酒 少许

1 准备2根熟透的表皮有斑点的香蕉，剥皮。

2 把香蕉捣碎成泥状。

3 把常温下的软化黄油充分搅拌，无结块，分两三次放入细砂糖和盐，用搅拌器搅拌。

4 把打发好的蛋液分几次一点点倒入，同时搅打。

5 放入捣碎的香蕉。

6 放入过筛的低筋粉和泡打粉，用刮刀切拌，搅拌至无白色面粉。

7 在磅模中铺硅油纸，装入胚料，放上洒有柠檬汁的装饰用香蕉，在预热温度为170℃～180℃的烤箱中烘烤30～35分钟。

8 把烤好的蛋糕移至冷却网冷却，刷上朗姆酒，不仅色泽光亮，而且可延长保存时间。

香橙蛋糕

色泽和外观兼备的橙子切面，是香橙蛋糕的最大亮点，可同时享受橙子的清新和蛋糕的美味，真是一举两得。

Tip

把上面食材量减半，即可把制好的胚料装入圆模，在圆模中烘烤时，把橙子瓣折成弯曲状，装饰成风车状。

170℃ 40～50 分钟 ★

食材：（10寸方模1个）

黄油 200g
细砂糖 240g
盐 2g
鸡蛋 200g
橙汁 60g
低筋粉 140g
杏仁粉 160g
泡打粉 2g

⊙橙子装饰

橙子 1个
粗盐 少量
水 150g
细砂糖 50g
朗姆酒 少许

1 把橙子用粗盐擦拭后洗净，切成薄片。

2 在锅中放入1的橙子和150g水，煮沸，放入细砂糖50g，白色部分变透明时，沥干水分。

3 装入容器待用。

4 把常温下的软化黄油充分搅拌至无结块，分两三次放入细砂糖和盐，用搅拌器搅拌。

5 把打发好的蛋液分几次一点点倒入，继续打发至黏稠。

6 先倒入一半橙汁，再放入过筛的低筋粉和泡打粉，用刮刀切拌。

7 放入剩余橙汁，搅拌。

8 在方模中铺硅油纸，装入胚料，用刮刀整理平整。

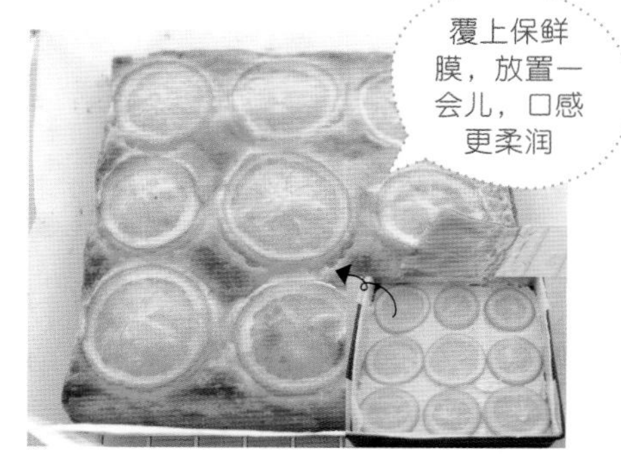

9 把3的橙片放在预热温度为170℃的烤箱中烘烤30～35分钟，表面刷朗姆酒。

翻转菠萝蛋糕

蛋糕翻转过来制作而成，注意卡拉梅尔糖不要太深，是制作的关键。

170℃ 30～35 分钟 ★

材：（6寸方圆模1个）

⊙卡拉梅尔糖

细砂糖 50g　　温水 1大匙

⊙蛋糕面胚

菠萝圈（罐装）4块　　低筋粉 120g
黄油 120g　　泡打粉 2g
细砂糖 100g　　牛奶 20g
鸡蛋 120g　　朗姆酒 少许

1 在圆模中铺硅油纸。

2 在锅中放入细砂糖，煮沸，呈褐色时，放入温水，搅拌，使其无结块，制成卡梅尔糖，入模。

3 上面摆放菠萝圈。

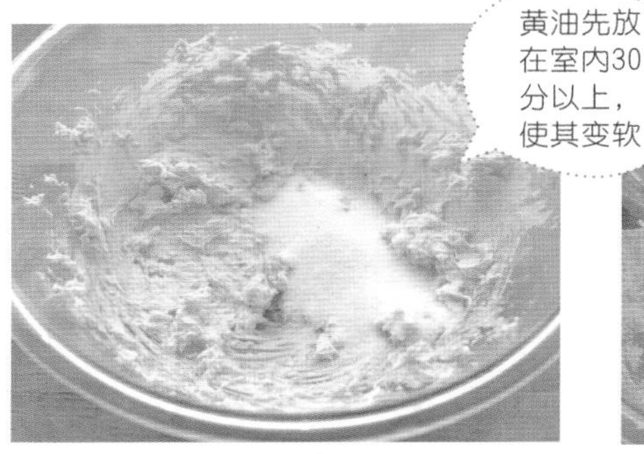

4 把常温下的软化黄油充分搅拌，无结块，分两三次放入细砂糖和盐，用搅拌器搅拌。

5 把打发好的蛋液分几次一点点倒入，搅打至成顺滑的奶油状，放入牛奶，搅拌。

6 放入过筛的低筋粉和泡打粉，用刮刀切拌，一块菠萝圈切碎后，掺入拌匀。

7 在3中放入6的胚料。

8 把表面整理平整，放在预热温度为170℃的烤箱中烘烤30～35分钟。

9 把烤好的蛋糕翻过来，移至冷却网，冷却后，表面刷朗姆酒。

戚风蛋糕

想制作柔润松软的戚风蛋糕，把蛋白糖霜打发黏稠后，搅拌并使其内部存有气泡，这一点是很重要的。松软柔润的口感，让戚风蛋糕独具魅力，也可搭配一杯打发好的淡奶油。

160℃ 40～45 分钟 ★

食材：（8寸戚风模1个）

蛋黄 3个
细砂糖A 20g
食用油 35g
水 70g
细砂糖B（蛋白糖霜用）60g
香草精 少许
低筋粉 60g
蛋白 3个

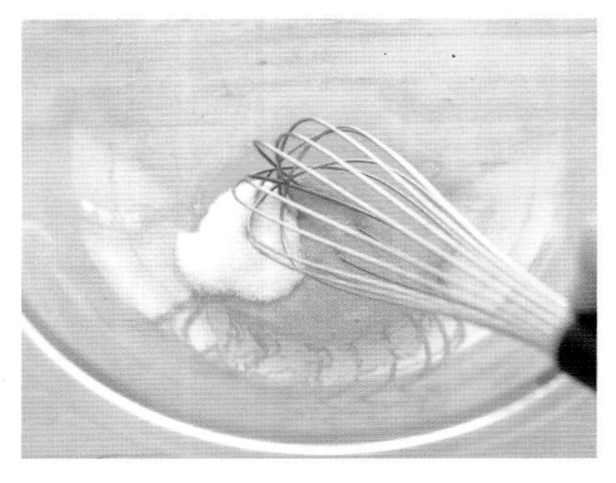

1 把蛋黄充分打发，放入细砂糖A，搅打直呈明亮的奶油色。

2 倒入水。

3 放入食用油和香草精，拌匀。

4 放入过筛的低筋粉，打发，使其无结块。

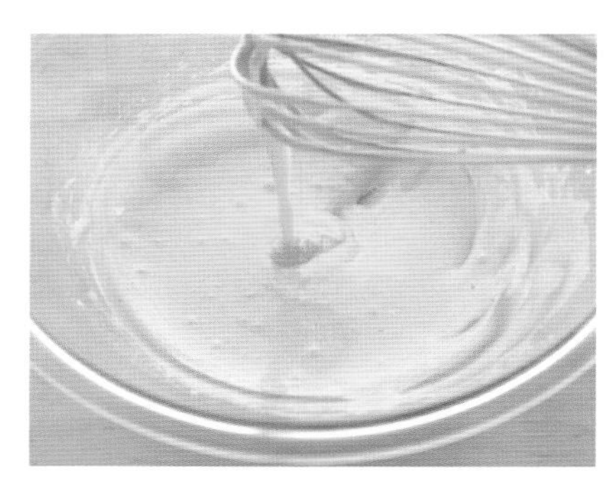

5 搅打至稠厚。

蛋白糖霜的制作请参照20页

6 用搅拌器挑起时，可呈弯曲的尖角。

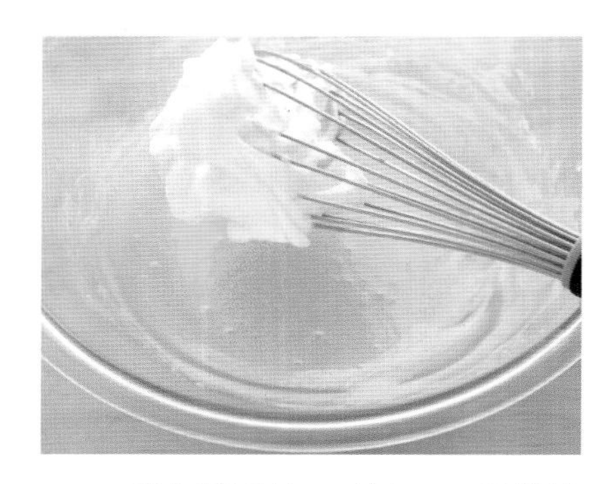

7 蛋白糖霜的1/3放入5，用搅拌器搅拌均匀。

8 剩下的2/3小心加入。

9 用刮刀由下至上，小心地拖拽搅拌，使内部仍存有气泡。

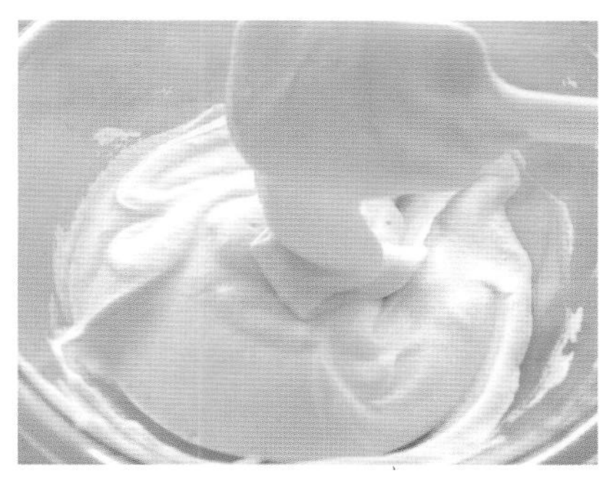

10 用刮刀挑起时，呈带状自然下垂。

11 在戚风模中多洒些水。

12 填入10胚料的80%。

13 抓住中间的圆筒，用力向下摔在案板上两三次，排气。

14 用竹签扎破气泡。

如果没完全烤熟，取出会影响制品的成形

15 把戚风模放入烤盘上，放入160℃的烤箱，烘烤40～45分钟。

16 烤好时，为散去水蒸气，把模倒过来，冷却。

17 完全冷却后，脱模。

抹茶戚风

在原味戚风中加入抹茶粉制成，具有淡淡的抹茶香和优雅的色泽，随着年龄的增长，开始喜欢抹茶的清香淡雅，所以经常做。

160℃ 40～45分钟 ★

食材：（8寸戚风模1个）

蛋黄 3个
细砂糖A 20g
食用油 35g
水 45g
香草精 少许
低筋粉 55g
抹茶粉 10g
蛋白 3个
细砂糖B（蛋白糖霜用）60g

1 把蛋黄充分打发，放入细砂糖A，搅打直呈明亮的奶油色。

2 倒入水。

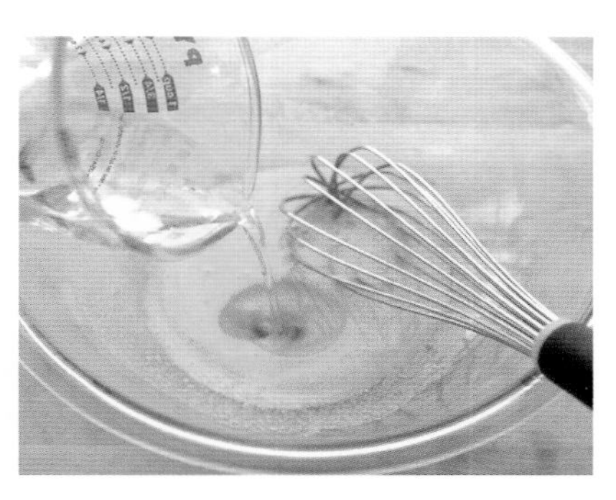

3 放入食用油和香草精，拌匀。

4 放入过筛的低筋粉和抹茶粉，打发，使其无结块。

5 搅打至黏稠。

蛋白糖霜的制作请参照20页

6 放入蛋白糖霜的1/3，用搅拌器搅拌均匀。挑起时，可呈弯曲的尖角。

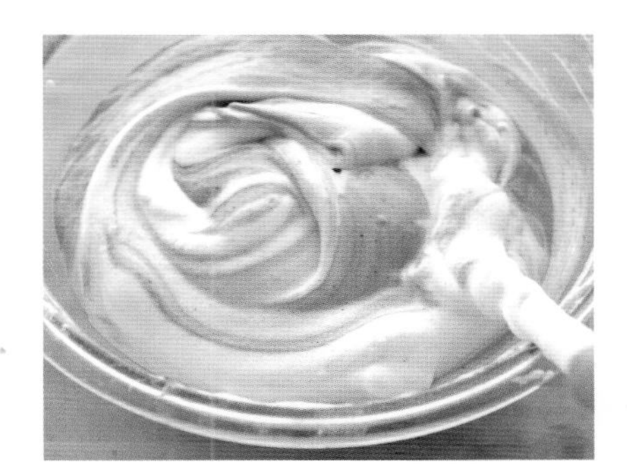

7 剩下的2/3用硅胶刮刀由下至上，小心地拖拽搅拌，使内部仍存有气泡。

8 在戚风模中多洒些水，用胚料把模填充80%，放入160℃的烤箱，烘烤40～45分钟。

巧克力戚风

松软的戚风蛋糕人见人爱，在原味戚风中，加入可可粉和巧克力，拌匀，浓郁的巧克力香气扑鼻，是愉悦心情的首选。

160℃ 40～45分钟 ★

食材：（8寸戚风模1个）

蛋黄 3个
细砂糖A 10g
食用油 35g
水 60g
香草精 少许
细砂糖B（蛋白糖霜用）60g
低筋粉 60g
可可粉 20g
巧克力 30g
蛋白 3个

1 把巧克力、食用油隔水加热融化。

2 把蛋黄充分打发，放入细砂糖A，搅打直呈明亮的奶油色，放入香草精。

3 倒入水。

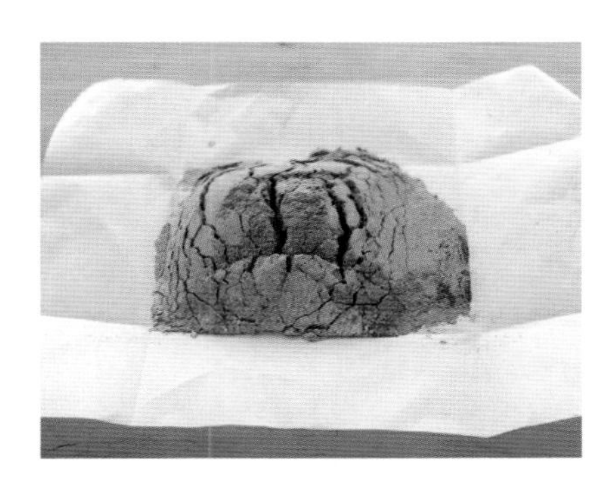

4 把低筋粉和可可粉过筛。

5 放入过筛的低筋粉和可可粉，搅打至黏稠。

6 用搅拌器搅拌均匀。

7 加入1/3蛋白糖霜，用打蛋器搅拌均匀。

蛋白糖霜的制作请参照20页

8 剩下的2/3蛋白糖霜用刮刀由下至上，小心地拖拽搅拌，使内部仍存有气泡。

9 在戚风模中多洒些水，用胚料把模填充80%，用竹签扎破气泡，放入160℃的烤箱，烘烤40～45分钟。

戚风蛋糕
应用篇 3

香蕉戚风

加入富含植物纤维的香蕉而制成的美味蛋糕。因不含奶油，可降低热量，有饱腹感，正在减肥的爱美女性也可以尽情享用哦。

160℃ 40～45分钟 ★

食材：（8寸戚风模1个）

蛋黄 3个
细砂糖A 20g
食用油 40g
水 40g
香草精 少许
香蕉 150g
低筋粉 80g
蛋白 4个
细砂糖B（蛋白糖霜用）60g

1 把熟香蕉剥皮，捣碎。

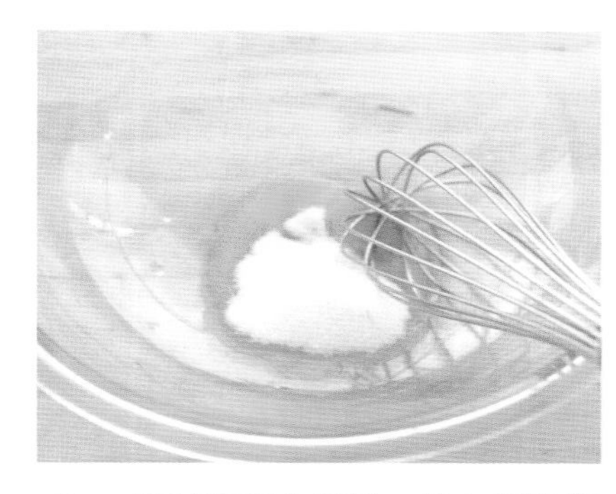

2 把蛋黄充分打发，放入细砂糖A，搅打直呈明亮的奶油色。

3 倒入水。

4 放入食用油和香草精，拌匀。

5 放入捣碎的香蕉，拌匀。

6 加入过筛的低筋粉，搅拌均匀至无结块。

蛋白糖霜
的制作请
参照20页

7 放入蛋白糖霜的1/3，用搅拌器搅拌均匀。

8 剩下的2/3用刮刀由下至上，小心地拖拽式搅拌，使内部仍存有气泡。

9 在戚风模中多洒些水，用胚料把模填充80%，抓住中间圆筒，用力向下摔几次，排气后，用竹签扎破剩余气泡，放入160℃的烤箱，烘烤40～45分钟。

奶酪蛋糕

最基本的奶酪蛋糕，我提到烘焙时，也许您会问“不难吗？”我可以保证，当您看了我制作的步骤，就不觉得难了，趁这个机会，来享受一下奶酪的浓郁奶香吧！

140℃ 50分钟→160℃至上色 ★

食材：（6寸圆模1个）

⊙底面部分

谷物曲奇 60g　　黄油 20g

⊙蛋糕面胚

奶油奶酪 250g　　鸡蛋 2个
细砂糖 90g　　淡奶油 100g
原味酸奶 50g　　低筋粉 20g

Tip

谷物曲奇从超市购买即可。

1 把谷物曲奇放在自封袋中，用擀面杖擀碎。

2 放入融化的黄油，拌匀。

3 在圆模中铺硅油纸，装入2，把上面整理平整，放在冷藏室中静置。

4 把常温下的软化奶油奶酪轻轻搅拌，无结块。

5 放入细砂糖，搅拌均匀，无结块。

6 放入原味酸奶，轻柔搅拌。

7 把打发好的蛋液分几次一点点倒入，搅打至顺滑。

8 放入室温下变软的淡奶油后，再放入过筛的低筋粉。在3的圆模中，小心地放入胚料，置于烤盘上。

9 在140℃的烤箱中，隔水烘烤50分钟后，再用160℃烘烤至上色。

南瓜奶酪蛋糕

美味的南瓜和奶油奶酪的搭配，让南瓜奶酪蛋糕营养丰富，色泽鲜艳，在父母生日或感恩节等特别的日子里，来亲手制作特别蛋糕吧，他们一定会喜欢的。

160℃ 35～40 分钟 ★

食材：（6寸圆模1个）

⊙底面部分

谷物曲奇 60g　　黄油 20g

⊙蛋糕面糊

奶油奶酪 250　　细砂糖 100g
南瓜糊 150g　　鸡蛋 2个
淡奶油 100g　　低筋粉 20g

⊙南瓜糊

南瓜（中等大小）1/2个
蜂蜜 1大匙

1 把南瓜蒸熟，去皮后用食品加工机搅碎，加入蜂蜜拌匀。

2 把常温下的软化奶油奶酪用刮刀轻柔搅拌，无结块。

3 放入细砂糖，搅拌均匀。

4 把打发好的蛋液分两三次一点点倒入，搅打。

5 依次放入1的南瓜糊和淡奶油，搅拌均匀。

6 放入过筛低筋粉。

7 把谷物曲奇放在自封袋中，擀碎，放入融化的黄油拌匀，装入铺有硅油纸的圆模中，把上面用力压平整，放在冷藏室中静置。

8 在7的圆模中，倒入6的胚料，置于烤盘上，在160℃的烤箱中，隔水烘烤35～40分钟。

香橙奶酪蛋糕

由浓郁奶酪搭配清香香橙而制成的香橙奶酪蛋糕，在明媚的天气，尽情地享用吧，不容错过的美食哦！

160℃ 50 分钟 ★

食材：（10寸方模1个）

⊙底面部分

曲奇 150g　　黄油 50g

⊙蛋糕面胚

奶油奶酪 250g	淡奶油 50g	橙皮 1个
黄油 30g	橙汁 50g	香橙甜酒 1大匙
细砂糖 100g	鸡蛋 2个	橙子薄片 9片
原味酸奶 100g	低筋粉 1大匙	朗姆酒 100g

1 把谷物曲奇放在自封袋中，擀碎，放入融化的黄油拌匀，装入方模，把上表面用力压平，整理后，放在冷藏室中静置。

2 橙子用粗盐擦拭，洗净后，用刨刀磨表皮。

3 橙皮粉末中放入细砂糖，做成橙味砂糖。

4 把常温下的奶油奶酪和黄油用刮刀轻柔搅拌，放入3的橙味砂糖，轻柔搅拌至无结块。

5 放入原味酸奶。

6 加入常温下的淡奶油。

7 鸡蛋分两三次倒入，搅拌。

8 放入过筛低筋粉，拌匀。

9 放入橙汁。

10 加入香橙甜酒，拌匀。

11 在1的模中，倒入10的胚料。

12 用刮刀把表面整理平整。

橙片制作
参照257页

13 把橙子薄片摆在上面，在160℃的烤箱中，烘烤50分钟，热气散去后，连模一起放入冷藏室，待冷却变硬时，脱模，刷上朗姆酒。

巧克力奶酪蛋糕

巧克力和奶酪的完美组合，单是想和谁来共享这别具风味的美食，就觉得是一种奢望，用淡奶油和巧克力装饰，和特别的他来分享吧！

170℃ 35～40分钟 ★

食材（6寸圆模1个）

⊙底面部分

谷物曲奇 60g　　黄油 20g

⊙奶酪面胚

奶油奶酪 250g　　淡奶油 80g
黄油 20g　　巧克力 80g
细砂糖 60g　　低筋粉 20g
鸡蛋 2个

⊙装饰

淡奶油 150g　　细砂糖 10g
巧克力（装饰用）少许

1 把常温下软化的奶油奶酪和黄油混合，搅拌至无结块，放入细砂糖，搅拌均匀。

2 把打发好的蛋液分2～3次一点点倒入，搅拌。

3 放入室温下的淡奶油，轻柔搅拌。

4 放入用隔水加热融化的巧克力，拌匀。

5 加入过筛低筋粉。

6 把谷物曲奇放在自封袋中，擀碎，放入融化的黄油拌匀，装入圆模，用力压平整。

7 倒入5的胚料，在170℃预热的烤箱中，烘烤35～40分钟，把烤好的蛋糕移至冷却网，充分冷却。

8 把淡奶油和细砂糖搅打至稠厚，装入裱花袋，在蛋糕表面装饰花朵图案。

淡奶油的制作请参照21页

9 把巧克力刨碎，放在花朵图案上做装饰。

焦糖香蕉奶酪蛋糕

在学习烘烤之前，以为香蕉只有剥皮吃这一种吃法，原来还可以把香蕉放在奶油奶酪中制成更加美味的焦糖香蕉奶酪蛋糕。

170℃ 40～50分钟 ★

食材：（6寸圆模1个）

⊙焦糖香蕉

香蕉 2个　　黄油 30g
细砂糖 30g　　朗姆酒 1大匙

⊙焦糖奶油

细砂糖 50g　　淡奶油 50g

⊙底面部分

谷物曲奇 60g　　黄油 20g

⊙蛋糕面胚

奶油奶酪 250g　　淡奶油 90g
细砂糖 50g　　低筋粉 20g
鸡蛋 2个

焦糖香蕉

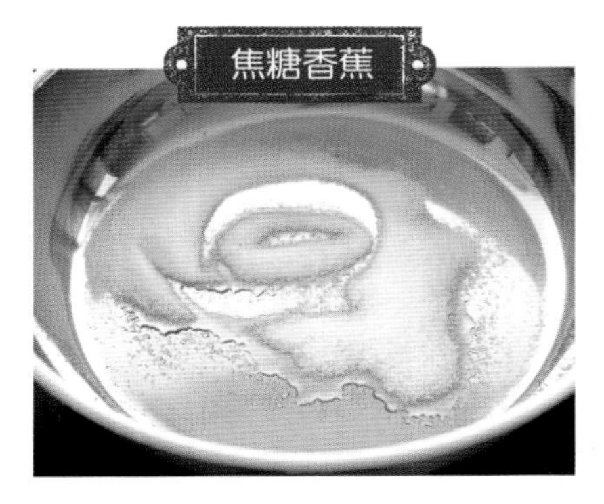

1 在锅中把细砂糖融化，开始呈褐色时，加入黄油。

2 把香蕉切成小段，用木铲翻拌，煮沸。

3 放入朗姆酒翻拌后，盛出晾凉。

焦糖奶油

4 把细砂糖放入锅中，用中火加热。

5 加热至呈褐色。

6 把事先加热好的淡奶油一点点地缓慢加入，搅拌均匀，使胚料顺滑无结块。

蛋糕面胚

7 把常温软化的奶油奶酪用搅拌器搅拌至无结块，放入细砂糖，继续搅拌至无结块。

8 把打发好的蛋液分两三次一点点倒入胚料中，搅拌均匀。

9 放入常温淡奶油。

10 放入过筛低筋粉。

11 把胚料搅拌至顺滑。

12 放入事先备好的焦糖奶油，拌匀。

13 把谷物曲奇放在自封袋中，擀碎，放入融化的黄油，拌匀，平铺在圆模底面，用力压平整。

14 小心倒入12的胚料。

15 把焦糖香蕉摆放在面胚上。

16 在170℃预热的烤箱中，烘烤40～50分钟，热气散去后，连模放入冷藏室，冷却静置。

舒芙蕾奶酪蛋糕

把蛋白糖霜加入奶油奶酪面胚中制成的蛋糕。如果把蛋白糖霜搅打得过度稠厚，制品易裂开，加入乳状可流动的蛋白糖霜，才能使表面不至于有裂缝，制品也不易断裂。

175℃ 15 分钟→
155℃ 25 分钟 ★★

食材：（6寸圆模1个）

海绵蛋糕6寸1cm厚 1张

蛋黄 3个
细砂糖A 40g
奶油奶酪 250g
牛奶 100g
无盐黄油 30g
柠檬汁 1小匙
低筋粉 30g
蛋白 3个
细砂糖B（蛋白糖霜用）60g

1 在铺有硅油纸的圆模底部，铺上海绵蛋糕。

2 在蛋黄中放入细砂糖A，拌匀。

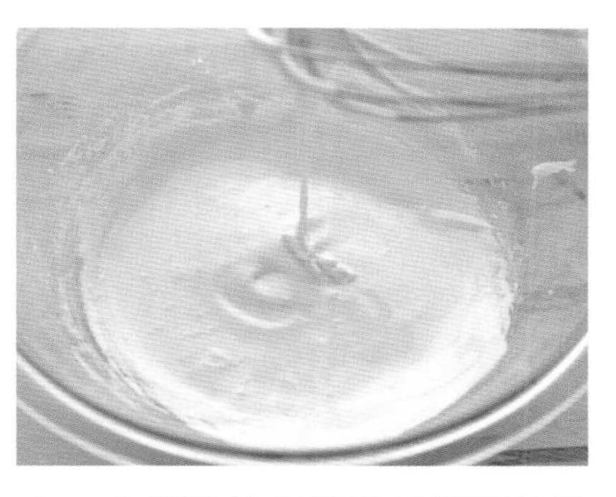

3 有韧性地打发至呈明亮的奶油色。

4 把奶油奶酪和无盐黄油搅拌充分至无结块。

5 在4中加入3，搅拌，使内部存有气泡。

6 放入牛奶，加入过筛的低筋粉后。

7 把蛋白糖霜分两三次放入后，加入柠檬汁，搅拌至顺滑。

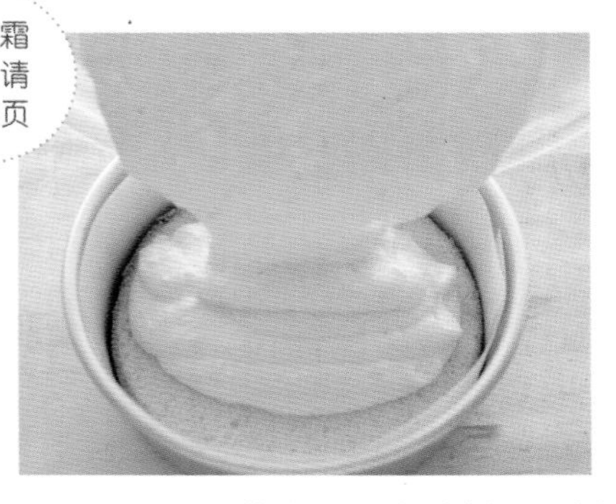

8 在1的圆模中，小心地倒入胚料。

9 烤盘上倒温水后，在175℃预热的烤箱中，隔水烘烤15分钟后，用155℃烘烤25分钟。

红薯奶酪蛋糕

奶油奶酪和绵软红薯的完美组合，让红薯奶酪蛋糕备受青睐，甜而清淡，口感柔润，营养丰富，绝对不能只独自享用的美食，和大家一起分享吧。

160℃ 35～40 分钟 ★★

食材：（6寸圆模1个）

红薯 150g
奶油奶酪 200g
黄油 20g
细砂糖A 40g
蛋黄 3个
淡奶油 100g
细砂糖B（蛋白糖霜用）40g
柠檬汁 少许
低筋粉 20g
海绵蛋糕1cm厚 1张
蛋白 80g
红薯（装饰用）1个

1 在铺有硅油纸的圆模底部铺上海绵蛋糕。

2 把常温下软化的奶油奶酪和黄油用搅拌器充分搅拌。

3 放入细砂糖A和蛋黄，拌匀。

4 把红薯蒸好，剥皮捣碎后，和淡奶油一起放入。

5 加入过筛的低筋粉后，加入柠檬汁，搅拌。

6 加入1/3蛋白糖霜，搅拌。

7 加入剩下的蛋白糖霜，搅拌。

8 在1的模中倒入胚料，在烤盘上倒些温水后，放入160℃预热的烤箱，隔水烘烤35～40分钟。

9 把红薯切成片，用烤箱烤干，装饰蛋糕。

切达奶酪蛋糕

用切达奶酪代替奶油奶酪制成的柔软蛋糕，加入葡萄干，更美味可口。

160℃ 35～40 分钟 ★★★

食材：（6寸圆模1个）

牛奶 200g
切达奶酪 50g
低筋粉 40g
玉米淀粉 3g
蛋黄 3个
黄油 60g
细砂糖（蛋白糖霜用）80g
香草精 少许
淡奶油 60g
朗姆酒 1大匙
海绵蛋糕1cm厚 1张
葡萄干 少许
蛋白 4个

海绵蛋糕的制作请参照22页

1 在铺了硅油纸的圆模中，铺上海绵蛋糕，放上葡萄干。

2 在牛奶中放入切达奶酪，煮沸至奶酪融化。

3 在2中放入过筛的低筋粉和玉米淀粉。

4 用搅拌器快速搅拌，煮沸，直到变得黏稠时，关火。

5 把4的面胚盛入另一碗中，依次放入蛋黄、黄油、香草精、淡奶油、朗姆酒，拌匀。

6 搅拌至顺滑，无结块。

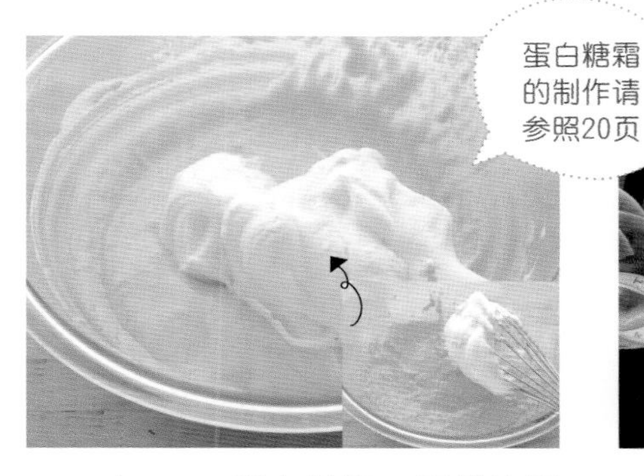

蛋白糖霜的制作请参照20页

7 加入1/3蛋白糖霜，用搅拌器搅拌，再加入2/3蛋白糖霜，用刮刀拌匀。

8 搅拌至顺滑，在1的圆模中，装入面胚。

9 在烤盘上倒些温水后，放入160℃预热的烤箱，隔水烘烤35～40分钟，从烤箱中取出，脱模分离，移至冷却网，冷却。

香橙玛德琳

橙香四溢的蛋糕。烤好后密封保管，口感更柔润，再泡一杯红茶，更别具风味。

180℃ 15～20 分钟 ★

食材：（玛德琳模具1个）

鸡蛋 2个
糖粉 130g
橙子 1个
低筋粉 100g
泡打粉 2g
融化的黄油 100g

⊙模涂层

黄油 少许
高筋粉 少许

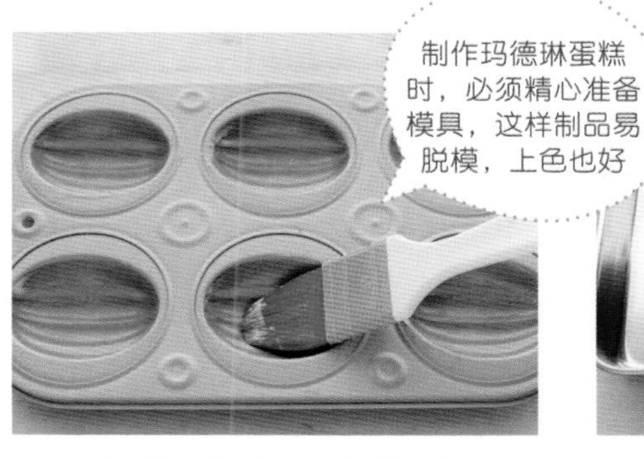

1 在模具中刷一层薄薄的黄油，在冷藏室中静置，撒低筋粉，在案板上摔几次，抖去多余面粉。

2 用粗盐擦拭橙子，洗净后，用刨刀刮磨表皮，剩下的果肉切成两半，榨汁。

3 鸡蛋用搅拌器打发，放入糖粉，轻轻搅拌，不是为了发泡，而是让食材混合均匀。

4 放入橙皮。

5 倒入橙汁。

6 加入过筛的低筋粉和泡打粉，拌匀。

7 放入隔水加热融化的黄油，搅拌至顺滑。

8 覆上保鲜膜，在冷藏室中静置半天。

9 在裱花袋中盛入胚料，在1的模中挤入90%胚料，放入180℃的烤箱，烘烤15～20分钟，移至冷却网，冷却。

玛德琳
应用篇 1

柠檬玛德琳

马塞尔·普鲁斯特的小说《追忆逝水年华》中，有这样一段描写，主人公一边吃玛德琳蛋糕，一边回忆往事。用贝壳模烤制玛德琳蛋糕的同时，也来回想一下如烟的往事吧。

180℃ 15～20 分钟 ★

食材：（玛德琳模具 1个）

蛋黄 2个
糖粉 120g
柠檬皮 1个份
柠檬汁 1大匙
低筋粉 100g
泡打粉 2g
融化黄油 110g

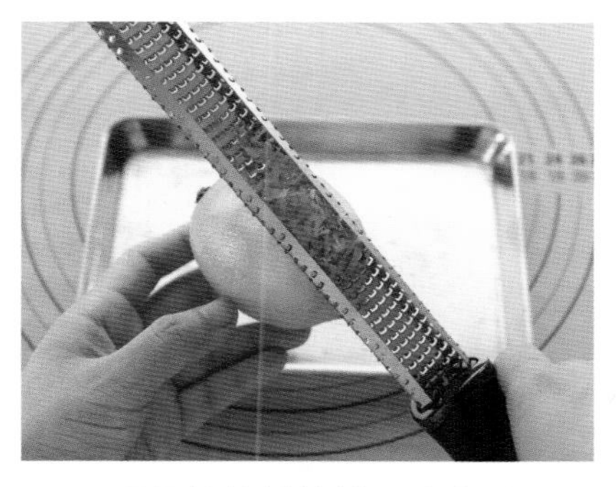

1 用粗盐擦拭柠檬，洗净后，用刨刀刮磨表皮。

2 鸡蛋用搅拌器打发，放入糖粉，轻轻搅拌，食材混合均匀即可。

3 依次放入柠檬皮、柠檬汁。

4 加入过筛的低筋粉和泡打粉，拌匀。

5 放入隔水加热融化的黄油，搅拌至顺滑。

6 覆上保鲜膜，在冷藏室中静置半天。

7 在裱花袋中盛入胚料，在玛德琳模中挤入90%的胚料，放入180℃的烤箱，烘烤15～20分钟。

抹茶红豆玛德琳

抹茶和红豆的完美组合，每到阴雨天，我就会想起抹茶红豆玛德琳蛋糕，也许里面有儿时红豆的味道。

180℃ 20～25 分钟 ★

食材：（玛德琳模具1个）

鸡蛋 2个	抹茶粉 7g
糖粉 110g	泡打粉 2g
蜂蜜 20g	黄油 100g
低筋粉 130g	红豆 50g

1 碗中放入鸡蛋，打发，加入细砂糖和蜂蜜，拌匀。

2 加入过筛的低筋粉、抹茶粉和泡打粉，拌匀。

3 放入隔水加热融化的黄油，搅拌至顺滑，面胚表面光滑时，覆上保鲜膜，在冷藏室中静置半天。

4 把胚料装入裱花袋，填入玛德琳模或一次性模内。

5 把超市里买来的红豆放在胚料上，放入180℃的烤箱，烘烤20～25分钟。

Tip

用超市里卖的红豆，可以轻松制作抹茶红豆玛德琳蛋糕。

巧克力费南雪

加入巧克力粉制成的费南雪蛋糕，无装饰的方形厚点心，口感也很单纯的美食。

180℃ 15～20 分钟 ★

食材：（费南雪模具1个）

蛋白 120g	低筋粉 40g
细砂糖 120g	可可粉 10g
蜂蜜 10g	杏仁粉 50g
盐 少许	黄油 120g

1 在碗中放入蛋白、细砂糖、蜂蜜、盐，轻轻混合。

2 细砂糖完全融化后，打发至稠厚，隔水加热。

3 放入过筛低筋粉、可可粉、杏仁粉，拌匀。

4 放入隔水加热融化的黄油，搅拌至顺滑，面胚表面光滑时，覆上保鲜膜，在冷藏室中静置半天。

5 在金锭状费南雪模内，抹上黄油填入胚料，放入180℃的烤箱，烘烤15～20分钟。

Tip

费南雪是一款颇有来历的法国小点心，做成金条的形状，名字（financier）也和金融有关，是法国证券交易所附近最受追捧的点心。

抹茶费南雪

由熬到褐色的焦化奶油和抹茶粉制成的风味独特的抹茶费南雪蛋糕，虽然名字很晦涩，但美味可口，您一定会喜欢的。

180℃ 15～20 分钟 ★

材：（费南雪模具1个）

黄油 125g
蛋白 125g
细砂糖 125g
蜂蜜 20g
低筋粉 40g
抹茶粉 10g
杏仁粉 50g

焦化黄油制作

1 锅中放入黄油熬到褐色，锅放到凉水中快速冷却。

蛋糕坯制作

2 碗中放入蛋白、细砂糖、蜂蜜，细砂糖完全融化后，打发至稠厚，隔水加热。

3 放入过筛低筋粉、抹茶粉、杏仁粉，拌匀。

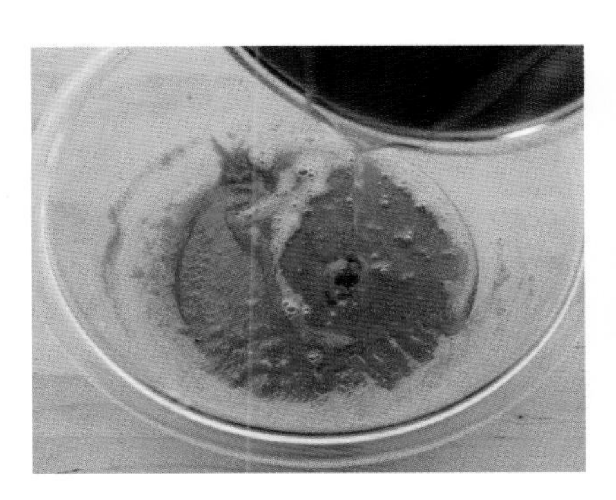

4 放入1的焦化黄油，拌匀。

5 在裱花袋中盛入胚料，填入80%模具的胚料，放入180℃的烤箱，烘烤15～20分钟。

Tip

若没有费南雪模具，也可以用其他形状的模具代替。

180℃ 15～20分钟 ★★

食材：（12寸方模1个）

⊙蛋糕皮

鸡蛋 3个
细砂糖 90g
低筋粉 80g
黄油 20g
牛奶 30g

⊙奶油

淡奶油 200g
细砂糖 20g

⊙夹心

糖粉（装饰用）少许
水果 适量

原味夹心蛋糕卷

像空气一样轻薄的蛋糕皮上，盛放甜美的奶油就是夹心蛋糕卷。口感柔润酸甜，适宜搭配奶油和水果。

蛋糕皮制作

1 在碗中打入鸡蛋，放入细砂糖。

2 把1的碗放入隔水加热锅中，继续用搅拌器搅拌，使细砂糖迅速融化。

3 细砂糖完全融化，鸡蛋达到40℃时，从隔水加热的锅上取下，用手握搅拌器充分打发。

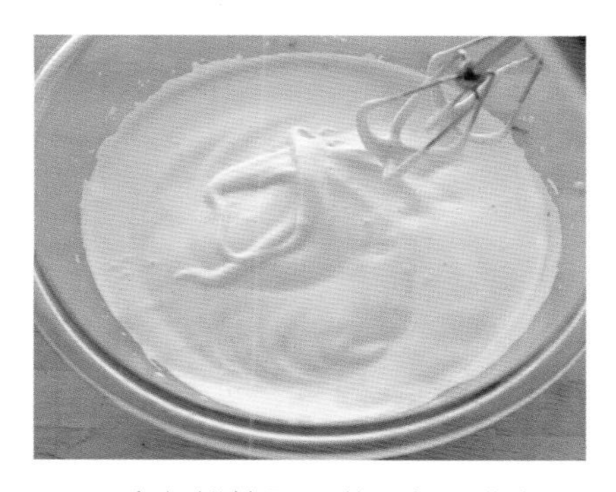

4 拿起搅拌器，若胚料呈带状自然下垂，内部仍存有气泡，完成搅打。

5 加入过筛的低筋粉，用刮刀迅速搅拌均匀，并且无结块。

6 加入过筛的低筋粉，搅拌均匀至无结块。

7 把黄油和牛奶隔水加热，放入一部分胚料搅拌后，再放入剩下所有胚料。

8 在方模上，铺硅油纸，倒入胚料。

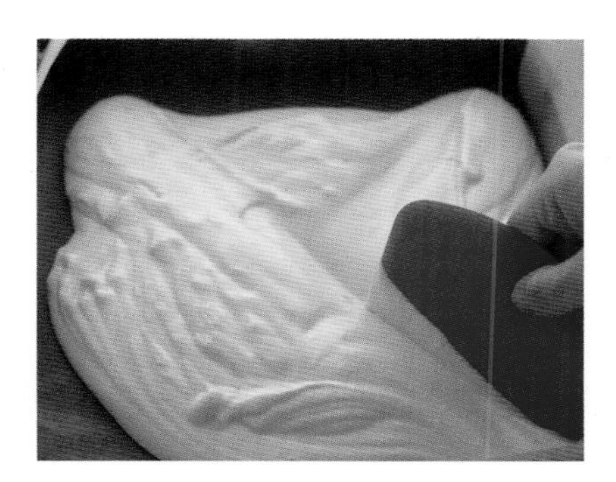

9 用刮板把胚料铺满方模。

10 表面整理平整，放入180℃的烤箱，烘烤15～20分钟。

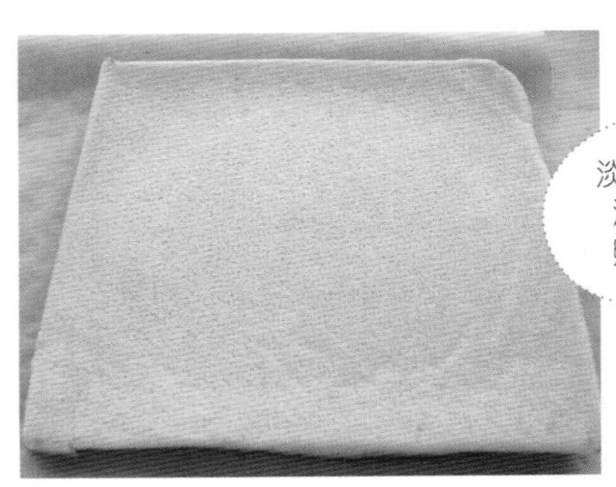

11 移至冷却网，充分冷却，取下硅油纸，翻过来。

鲜奶油制作

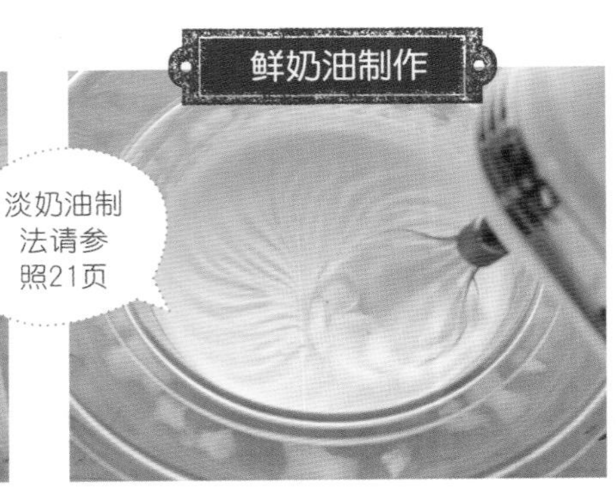

12 在淡奶油中放入细砂糖，搅打至稠厚，制作鲜奶油。

夹心制作

13 把爱吃的水果切成适中大小。

14 在蛋糕皮上，放淡奶油，用刮板抹平，先卷起的一侧和最后卷起的一侧都薄一些，中间部分厚一些，水果摆成一排。

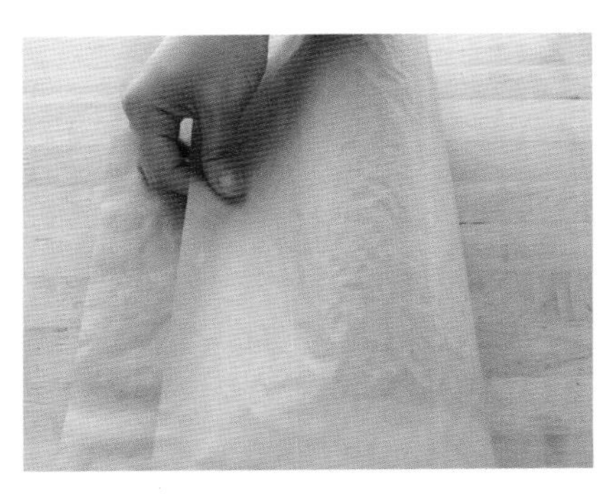

15 用硅油纸把蛋糕皮从里侧卷成圆筒。

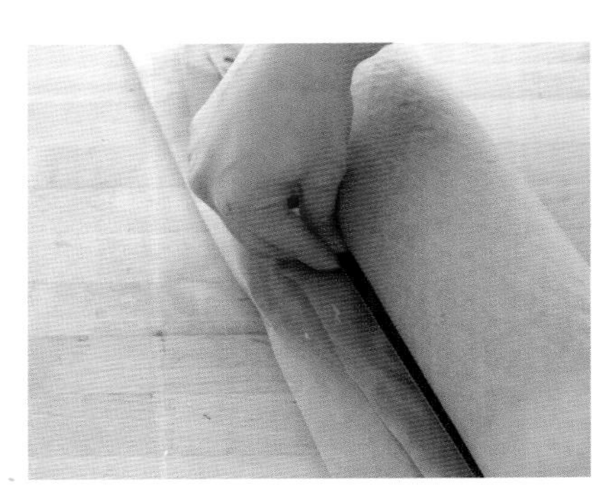

16 用尺子把硅油纸压住，卷紧后，用硅油纸包上，在冷藏室中静置30分，表面撒糖粉，切成适中大小。

卡布奇诺夹心蛋糕卷

在蛋糕皮中加入咖啡制成的蛋糕卷。加入可可利口酒，香气更浓郁。为爱喝咖啡的朋友们精心准备的蛋糕卷。

180℃ 20分钟 ★★

食材：（12寸方模1个）

⊙蛋糕皮

蛋黄 3个	低筋粉 70g
细砂糖A 30g	可可粉 15g
食用油 25g	泡打粉 2g
牛奶 40g	蛋白 3个

细砂糖B（蛋白糖霜用）60g

⊙糖浆

水 100g	可可利口酒 少许
细砂糖 50g	

⊙咖啡奶油

可可利口酒 1大匙	细砂糖 30g
咖啡提取液 2大匙	淡奶油 300g

蛋糕皮制作

1 在碗中放入蛋黄和细砂糖A，搅打至呈明亮的奶油色。

2 倒入食用油。

3 加入牛奶拌匀。

4 把低筋粉、可可粉、泡打粉混在一起，过筛。

5 放入3的胚料，充分搅拌，无结块。

蛋白糖霜的制作请参照20页

6 制作挑起时，可呈弯曲的尖角的蛋白糖霜，放入蛋白糖霜的1/3，用搅拌器搅拌均匀。

7 剩下的2/3用刮刀由下至上，小心地拖拽式搅拌。

8 在方模上，铺硅油纸。

9 倒入胚料，用刮板把表面整理平整，放入180℃的烤箱，烘烤20分钟，移至冷却网，冷却。

咖啡奶油的制作

10 在搅打至稠厚的淡奶油中，加入细砂糖和咖啡提取液。

11 放入可可利口酒。

12 在烤好的蛋糕皮上面涂抹糖浆。

13 把11的咖啡奶油薄薄涂抹在蛋糕皮上。

14 把蛋糕皮从内侧卷起来，用硅油纸包上，在冷藏室中静置30分钟。

Tip

把卷起的蛋糕皮，用硅油纸包上，拽住下面的硅油纸的同时，用尺子卷紧，收边处朝下，放在冷藏室中1小时，使奶油凝固。

15 在卷紧的蛋糕卷的表面，刷糖浆。

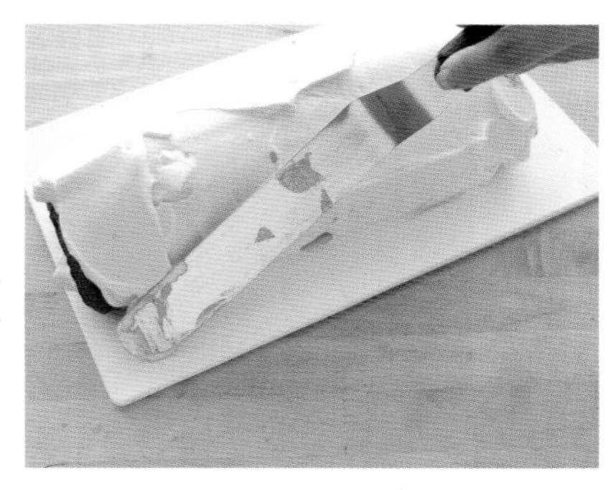

16 把剩下的奶油涂抹成一定厚度。

17 用慕斯带整理，使表面光滑。

糯米糕夹心蛋糕卷

可以同时享用糯米糕和蛋糕卷，真是一举两得，黏黏的糯米和松软的蛋糕卷的完美组合，让这一美食独具风味。

180℃ 15分钟 ★★

食材：（12寸方模1个）

⊙蛋糕皮

蛋白 3个
细砂糖A 80g
蛋黄 3个
低筋粉 50g
玉米淀粉 20g
抹茶粉 10g
黄油 30g

⊙糖浆

水 100g
细砂糖B 50g

⊙糯米糕

糯米粉 100g
水 140g
细砂糖C 25g
盐 少许

⊙夹心

甜豆沙 200g
淡奶油 60g

蛋糕皮制作

1 在碗中放入蛋白，搅拌，再一点点加入细砂糖A，搅打成稠厚的蛋白糖霜。

2 放入搅打好的蛋黄，用搅拌器搅拌均匀。

3 把低筋粉、可可粉、泡打粉混在一起，过筛待用。

4 把3的过筛粉料加入2中，边转动碗，边轻轻搅拌。

5 舀出一部分胚料，放在隔水加热融化的黄油中，拌匀后，掺入另一部分胚料快速搅拌。

6 在铺有硅油纸的方模内，装入胚料。

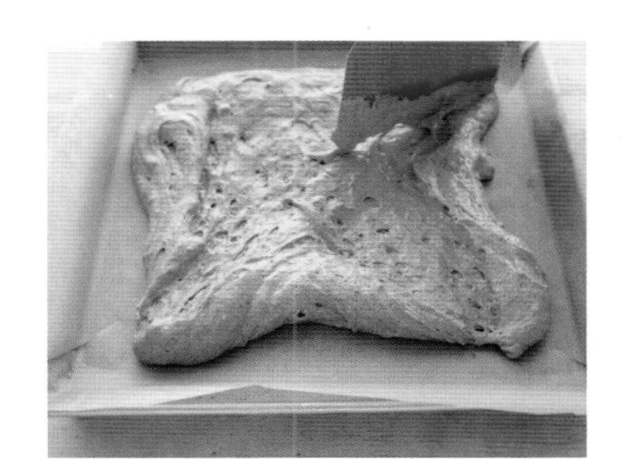

7 模四个角也要放有胚料。

8 用刮板把上表面整理平整后，放入180℃的烤箱，烘烤15分钟，移至冷却网，冷却。

糯米糕制作

9 在碗中放入所有糯米糕食材，用搅拌器搅拌均匀。

10 覆上保鲜膜，180℃烘烤1分钟，同时用刮刀搅拌，重复3次此步骤，完成糯米糕的制作。

11 在甜豆沙中加入淡奶油，轻轻搅拌。

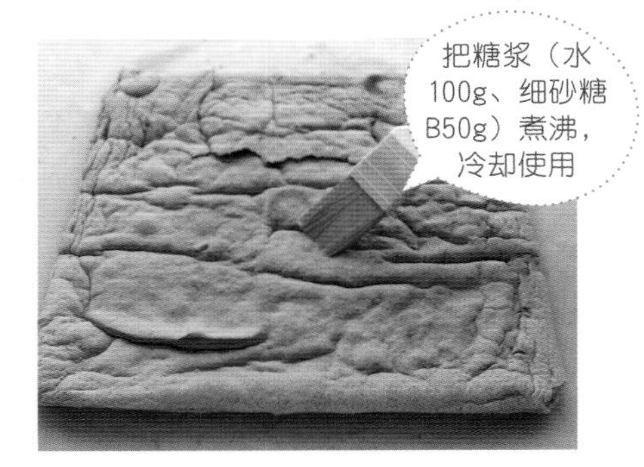

12 在烤好的蛋糕皮上，刷糖浆。

13 把11的甜豆沙平铺在蛋糕皮上。

14 放上糯米糕，把蛋糕皮卷起来后，用硅油纸包上，冷藏静置30分钟，收边处朝下，在冷藏室中放1小时，冷却定型。

蓝莓夹心蛋糕卷

在点缀有青紫色点状图案的蛋糕皮里，夹入蓝莓的蛋糕卷。为使淡奶油不至于太稀，应除去蓝莓的水分为宜。

180℃ 15分钟 ★★

食材：（12寸方模1个）

⊙装饰

无盐黄油 10g
糖粉 10g
蛋白 10g
低筋粉 10g
色素 少许

⊙蛋糕皮

蛋白 3个
细砂糖A 80g
蛋黄 3个
低筋粉 50g
玉米淀粉 20g
无盐黄油 25g

⊙蓝莓奶油

冷冻蓝莓 150g
细砂糖B 40g
淡奶油 130g
原味酸奶 30g

装饰制作

1 把黄油轻轻打发，放入糖粉后，再轻轻搅打。

2 放入一半蛋白，搅拌均匀。

3 加入低筋粉，搅拌，再放入蛋白，搅拌成柔软奶油状。

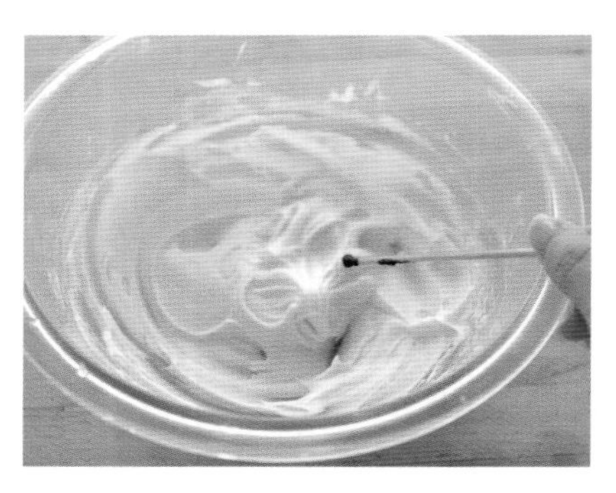

4 加入少量色素，如无色素，也可放入蓝莓汁，拌匀。

5 搅拌至顺滑无结块。

6 方模中铺硅油纸，在裱花袋中盛入胚料，挤成点状。

蛋糕皮制作

7 在无水碗中，放入蛋白，轻轻打发，边放入少量细砂糖A，边搅打，制成稠厚的蛋白糖霜。

8 放入打发好的蛋黄，用搅拌器搅拌。

9 放入过筛的低筋粉和玉米淀粉，边转动碗体，边搅拌。

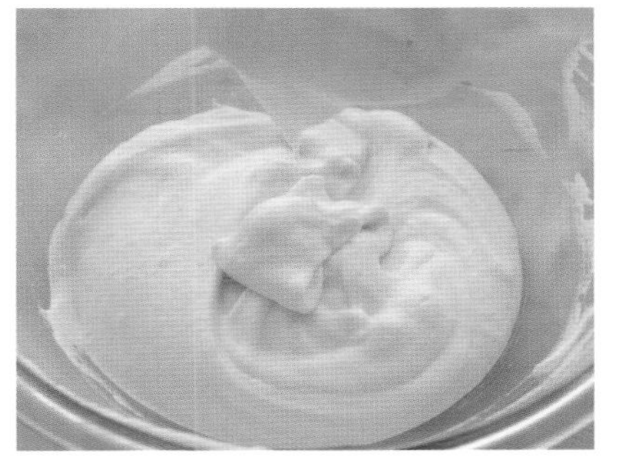

10 用刮刀轻轻搅拌。

11 一边倒入隔水加热融化的黄油，一边搅拌。

12 6的方模上放入胚料，用刮刀把表面整理平整，放入180℃预热的烤箱，烘烤15分钟，移至冷却网，冷却。

蓝莓奶油的制作

13 把冷冻的蓝莓解冻，放入筛中，沥干水分。

14 搅拌器内放入沥干水分的蓝莓和细砂糖B。

15 在搅打得稠厚的淡奶油中，放入蓝莓和原味酸奶，搅打。

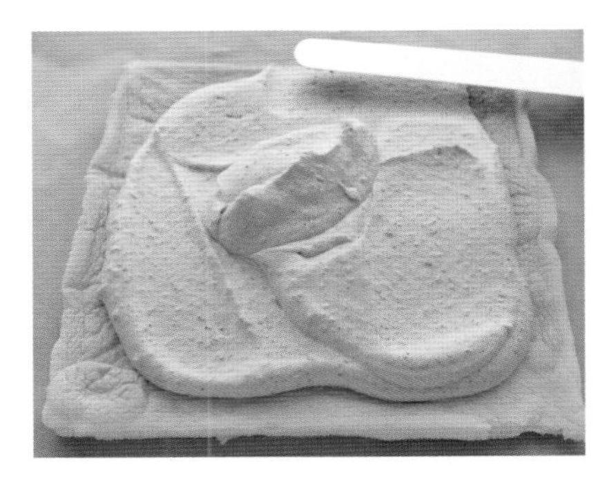

16 用抹刀把蓝莓奶油薄薄地抹在蛋糕皮上。

17 把蛋糕皮从内侧卷起来，包上硅油纸，在冷藏室中放置30分钟，冷却定型。

水果夹心蛋糕卷

清淡的蛋糕皮中夹入混有马苏里拉奶酪的奶油，用水果点缀的外观华丽的蛋糕。来一起分享吧！

180～190℃ 12～15分钟 ★★

食材：（8寸方模1个）

⊙蛋糕皮

蛋黄 65g
香草精 少许
低筋粉 80g
糖粉 适量
蛋白 100g
细砂糖A 100g

⊙马苏里拉奶酪奶油

淡奶油 150g
马苏里拉奶酪 50g
细砂糖B 15g

⊙夹心

蓝莓、草莓、猕猴桃、橙子、香蕉 适量
香草 少量

1 在碗中放入蛋黄、细砂糖A 20g、香草精。

2 搅打至呈鲜艳的奶油色。

蛋白糖霜的制作请参照20页

3 在另一碗中放入蛋白，分2～3次放入细砂糖A 80g，搅打至稠厚。

4 在2中放入3，拌匀。

5 先加入蛋白糖霜的1/3，搅拌均匀。

6 把剩下的2/3分几次放入。

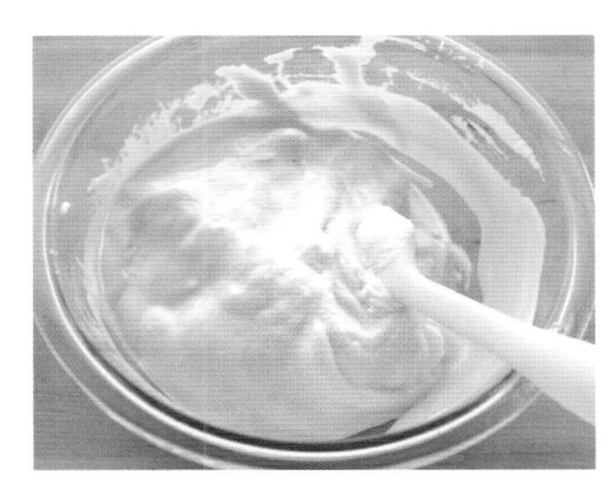

7 同时，用刮刀由下至上，小心地拖拽式搅拌。

8 加入过筛的低筋粉，搅拌至顺滑。

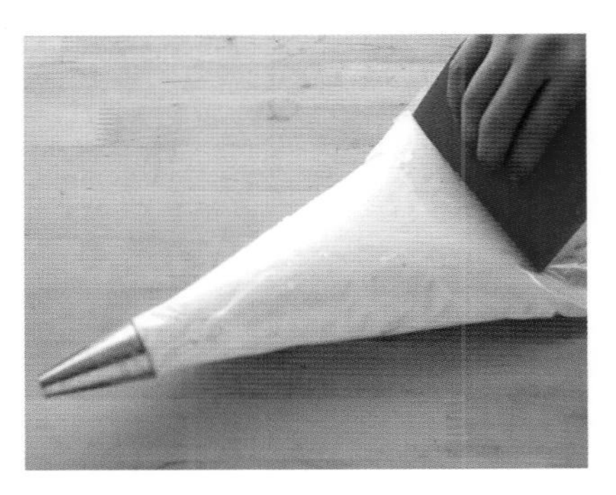

9 把胚料装入嵌入10mm的圆形裱花嘴模的裱花袋。

10 在铺有硅油纸的方模内，挤斜线，填满。

11 均匀撒上糖粉，放入180～190℃预热的烤箱，烘烤12～15分钟。

12 把烤好的移至冷却网，冷却。

13 在碗中的轻柔搅拌好的马苏里拉奶酪中，放入淡奶油和细砂糖B，搅打至稠厚。

14 用刮刀在12的蛋糕皮上，抹一层搅打好的马苏里拉奶酪奶油。

15 把水果切成方便食用的适中大小。

16 放上水果，把蛋糕皮从内侧卷起来，包上硅油纸，在冷藏室中放置30分钟，冷却定型。

17 在表面挤奶酪奶油，把水果和香草放在上面做装饰。

巧克力香蕉夹心蛋糕卷

由柔软的香蕉和淡奶油制成的蛋糕卷。松软柔润，入口即融。

180℃ 15分钟 ★★

食材：（8寸方模1个）

⊙巧克力蛋糕皮

蛋黄 3个
细砂糖 A 30g
植物油 25g
牛奶 40g
低筋粉 70g
可可粉 15g
泡打粉 1g
巧克力 30g
香蕉 少许
蛋白 3个
细砂糖B 60g

⊙糖浆

水 100g
细砂糖 50g
朗姆酒 少许

⊙淡奶油

细砂糖 20g
淡奶油 200g

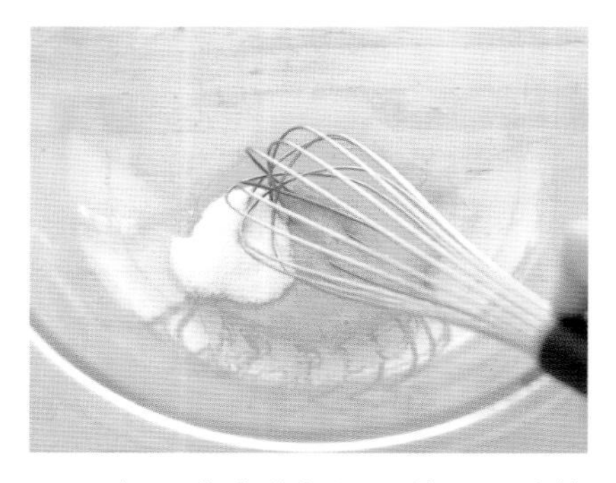

1 把蛋黄充分打发，放入细砂糖A，搅打至淡黄色。

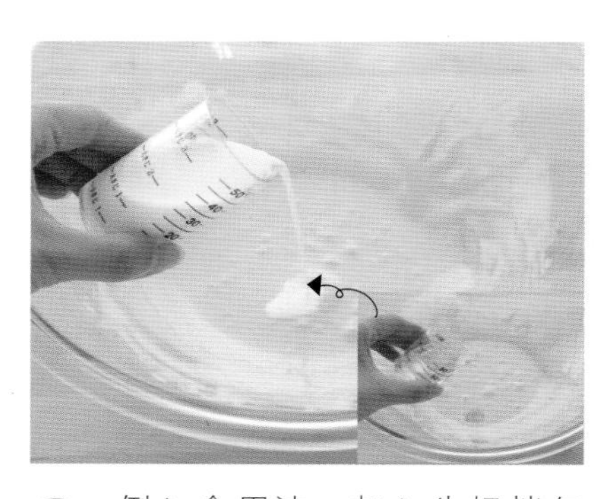

2 倒入食用油，加入牛奶拌匀后，继续搅打。

3 放入过筛低筋粉、可可粉、泡打粉，充分搅拌至无结块，放入隔水加热融化的巧克力，拌匀。

4 放入1/3稠厚的蛋白糖霜，用搅拌器搅拌均匀。

5 剩下的2/3用刮刀由下至上，小心地拖拽式搅拌，使内部仍存有气泡。

6 在方模上，铺硅油纸，倒入胚料，用刮板把表面整理平整，放入180℃的烤箱，烘烤15分钟，移至冷却网，冷却。

7 把香蕉去皮，切成长条。

8 在淡奶油中加入细砂糖，搅打至稠厚。

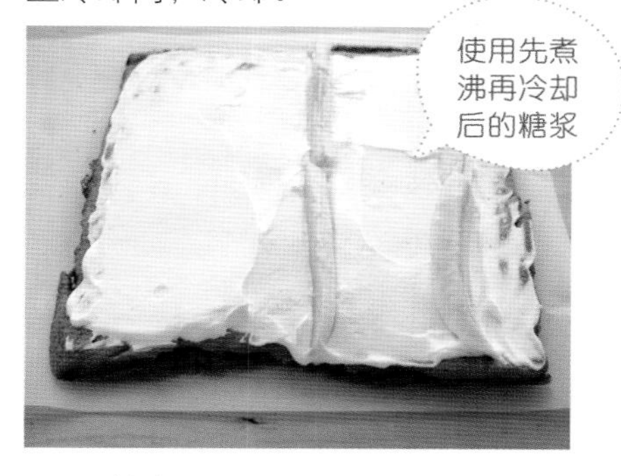

9 糖浆均匀刷在蛋糕皮上后，抹上8的淡奶油，放上香蕉条，把蛋糕皮从内侧卷起，包上硅油纸，在冷藏室中放置30分钟定型。

冰棍布朗尼

在用冰棍模烤好制品后，插上小木棍，像冰淇淋一样，精美包装后，作为礼物送给家人朋友吧。吃起来很方便，深受孩子们的喜爱。

170℃ 20分钟 ★

食材：（6个）

黄油 120g
细砂糖 150g
盐 少许
鸡蛋 100g
黑巧克力 130g
低筋粉 70g
可可粉 30g
花生、核桃等坚果碎 少许
巧克力（糖衣用）150g

Tip

把每个分别装袋，精美地包装好后，作为礼物赠送也不错哦。

1 在隔水加热融化的大约40℃的黄油中，加入细砂糖和盐，用搅拌器搅拌均匀。

2 倒入充分打发的蛋黄，用搅拌器搅拌均匀。

3 把黑巧克力用隔水加热融化。

4 在2中放入3的巧克力。

5 放入过筛低筋粉、可可粉，搅拌至顺滑。

6 把模内抹上黄油，填入5的胚料，放入170℃的烤箱，烘烤20分钟。

7 在烤好的布朗尼上，插上冰淇淋棍。

8 在热气散去的布朗尼上，挂融化的巧克力糖衣。

9 巧克力凝固前，滚上花生、核桃等坚果碎。

姜饼人布朗尼

用料及制法和冰棍布朗尼的相同。把胚料倒入模中烤好后，再用奶油画上图案而制成的可爱的布朗尼蛋糕，和孩子一起来做吧！

170℃ 20分钟 ★

食材：（9个）

黄油 120g
细砂糖 150g
盐 少许
鸡蛋 100g
黑巧克力 130g
低筋粉 70g
可可粉 30g

1 在隔水加热融化的大约40℃的黄油中，加入细砂糖和盐，用搅拌器搅拌均匀。

2 倒入充分打发的蛋黄，用搅拌器搅拌均匀。

3 把黑巧克力隔水加热融化。

4 在2中放入3的巧克力。

5 放入过筛低筋粉、可可粉，搅拌至顺滑。

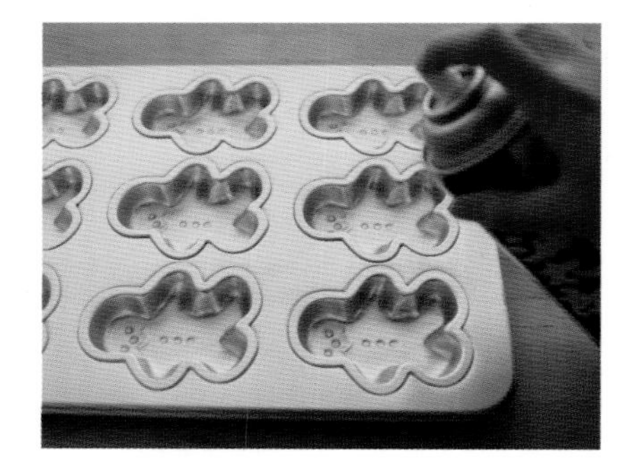

6 在模内抹黄油。

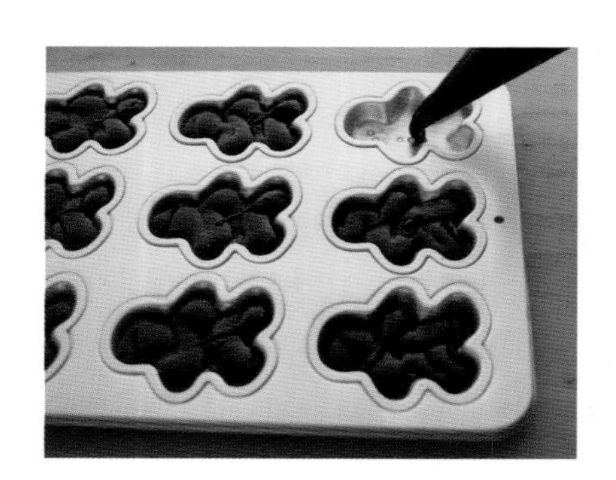

7 把5的胚料装入裱花袋，挤入模中，放入170℃预热的烤箱，烘烤20分钟。

8 移至冷却网，使热气散去，用糖衣画可爱的图案。

核桃布朗尼

放入坚果类制作而成的美味布朗尼，加入蛋白糖霜搅拌，口感松软。想吃时，就来亲手制作吧。

170℃ 20～30分钟 ★

食材：（8寸方模1个）

蛋黄 1个
细砂糖A 25g
巧克力 130g
黄油 100g
细砂糖B（蛋白糖霜用）35g
低筋粉 50g
可可粉 10g
蛋白 70g
核桃 70g

1 把蛋黄充分打发，加入细砂糖A，搅拌均匀。

2 把黄油和巧克力隔水加热融化，放入1中，拌匀。

3 在1中放人过筛的低筋粉和可可粉，搅拌至无生面粉。

蛋白糖霜的制作请参照20页

4 放入2的巧克力，再放入蛋白糖霜，轻轻搅拌，使胚料内仍存有气泡。

5 把核桃放在烤箱中稍微烤一下，放在厨房纸上，用刀背或擀面杖捣碎。

6 在方模上，铺硅油纸，倒入胚料，上面多撒些核桃碎，放入170℃的烤箱，烘烤20～30分钟。

大理石布朗尼

想同时享用奶油奶酪和巧克力么？当然可以，只要把二者混合。布朗尼胚料上放奶油奶酪胚料，烘烤即可，真是一举两得。

170℃ 20～30分钟 ★

食材：（8寸方模1个）

⊙巧克力面胚

鸡蛋 60g
细砂糖 60g
盐 1g
香草精 少许
黄油 50g
巧克力 70g
低筋粉 50g
可可粉 10g
泡打粉 1g

⊙奶油奶酪

奶油奶酪 180g
细砂糖 30g
鸡蛋 40g

1 在碗中放入鸡蛋、细砂糖、盐、香草精，轻轻搅拌。

2 黄油和巧克力隔水加热融化。

3 在1中加入2，搅拌至顺滑。

4 放入过筛的低筋粉、可可粉、泡打粉，拌匀。

5 把奶油奶酪轻柔打发，放入细砂糖和鸡蛋，搅拌至顺滑。

6 在铺有硅油纸的方模中，先放入巧克力胚料，再在其上面倒入奶油奶酪面胚。

7 用竹签搅拌成大理石纹理，在预热为170℃的烤箱中，烘烤20～30分钟。

8 把烤好的布朗尼移至冷却网，冷却，取下硅油纸，切成适中大小。

原味泡芙

柔软而蓬松的泡芙奶油，由酥脆的泡芙加入大量又甜又软的奶油制成，放在冷藏室中冷却后更美味可口。

160℃ 25～30分钟 ★★★

食材：（20个）

水 100g
牛奶 100g
黄油 80g
细砂糖 3g
盐 1g
低筋粉 100g
鸡蛋 170～200g

⊙填充奶油

泡芙奶油 300g
淡奶油 200g
细砂糖 20g

⊙夹心

蛋液 少许
糖粉（装饰用）少许

Tip

泡芙奶油制作可参照 382 页。

1 在锅中放入水、奶油、切碎的黄油、盐、细砂糖，小火加热。

2 黄油融化后，如果液体沸腾，可取下，放入过筛的低筋粉。

3 用刮刀迅速搅拌至无生面粉，再放在火上，用刮刀搅拌，让剩余水分蒸发。

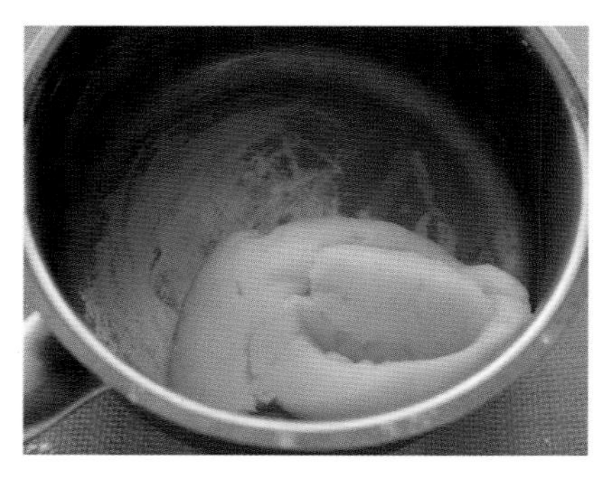

4 面胚结成一团时，锅底会生出一层薄膜。

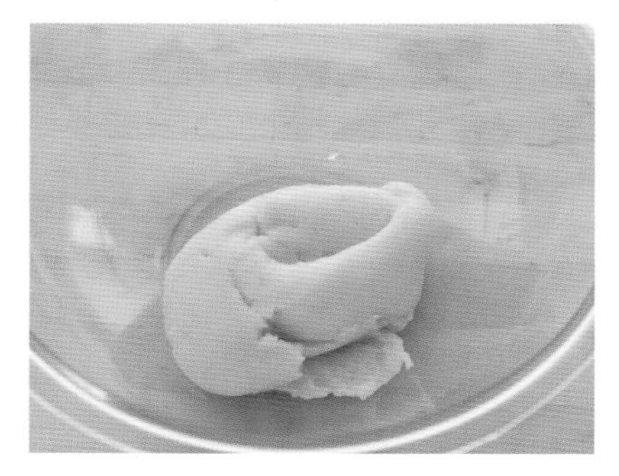

5 从火上取下，直接放入另一个碗内，稍微冷却。

6 把鸡蛋充分打发，一点点加入，同时搅拌。

7 用刮刀挑起面胚时，调节蛋液浓度，直到挑起时可以画V字。

8 把胚料装入嵌有直径为1cm的圆形裱花嘴模的裱花袋。

Tip

拿起刮刀时，如果画不了V字，说明太稠，可加入少量蛋液，对浓度进行调节，但不能一次放太多，会影响面胚的揉和，所以要一点点地加入。

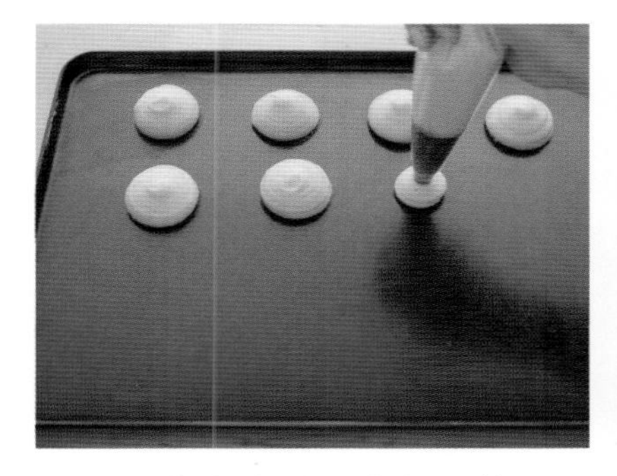

9 在烤盘上以一定间隔挤圆形胚料。

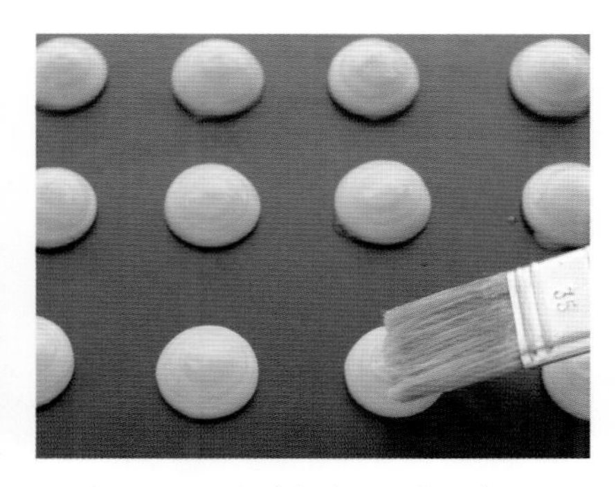

10 用毛刷在表面刷蛋液。

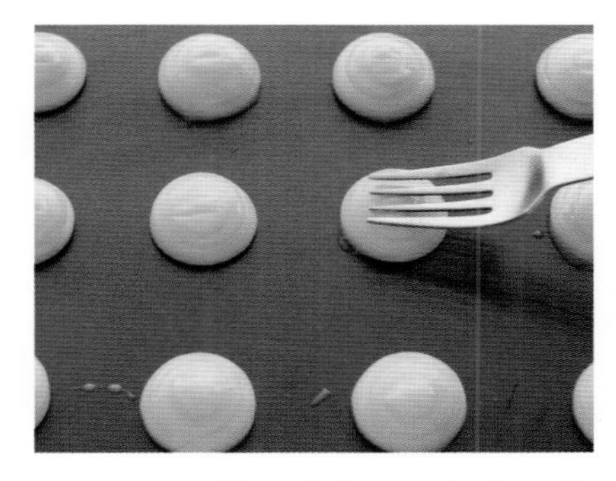

11 用蘸蛋液的叉子把表面修整平滑。

12 在预热为160℃的烤箱中，烘烤25～30分钟。

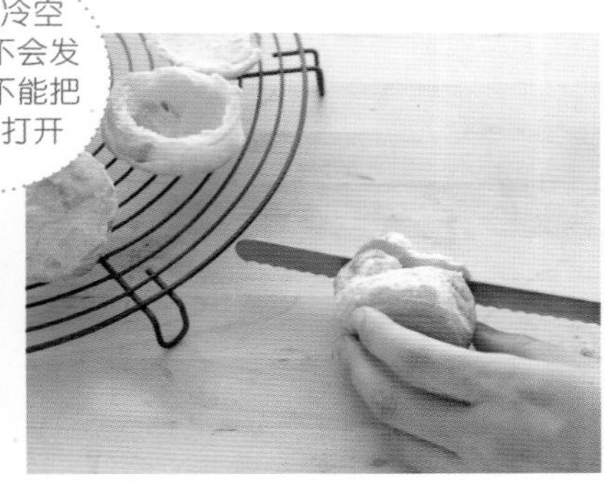

13 把烤好的泡芙移至冷却网冷却，上表面用面包刀划刀口。

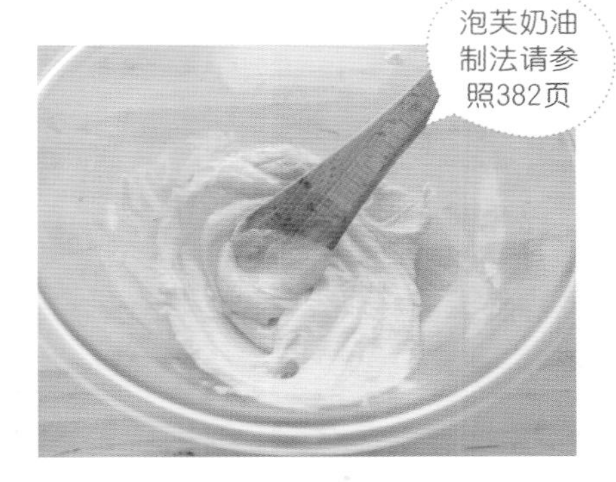

14 在碗中把泡芙奶油轻轻打发。

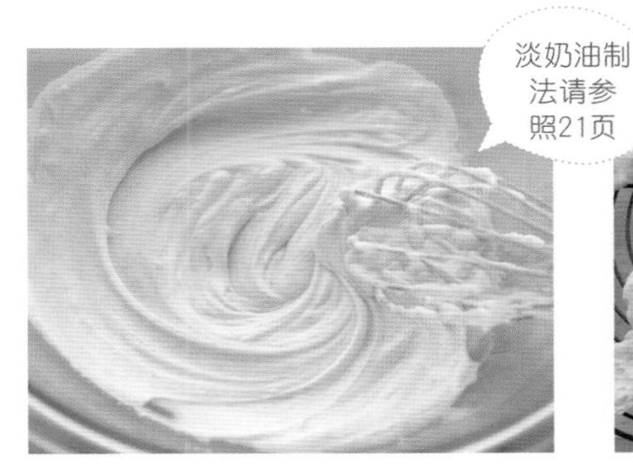

15 加入淡奶油和细砂糖继续搅拌。

16 把奶油装入裱花袋，把胚料挤入泡芙内，使泡芙看起来可爱。

17 盖上泡芙盖，撒上糖粉。

闪电泡芙

160℃ 25～30分钟 ★★★

食材：（7～8份）

水 100g
牛奶 100g
黄油 80g
细砂糖 3g
盐 1g
低筋粉 100g
鸡蛋 170～200g
蛋液 少许
软心巧克力 适量

Eclair在法语是闪电的意思，泡芙的一种，形状细长，也叫做手指泡芙。表面挂有一层甜而有光泽的软心巧克力。

1.和泡芙面胚制法相同。参照376页1～8步制作面胚。
2.在烤盘上，把泡芙面胚以一定间隔，挤成长条形。
3.用沾有蛋液的叉子把表面整理光滑，在预热为160℃的烤箱中，烘烤25～30分钟。
4.把软心巧克力抹在表面，完成制作。

小铃铛泡芙

160℃ 25～30分钟 ★★★

食材：（7个）

水 100g
牛奶 100g
黄油 80g
细砂糖 3g
盐 1g
低筋粉 90g
可可粉 10g
鸡蛋 170～200g
蛋液 少许

由3块圆形巧克力泡芙面胚连在一起制成，外形精巧可爱，让人很喜欢。也可多填入些泡芙奶油，更具风味。

Tip
巧克力泡芙奶油的制作请参照 383 页。

1.参照381页1～5步，制成巧克力泡芙面胚。
2.把胚料装入嵌有直径为1cm的圆形裱花嘴模的裱花袋，在烤盘上挤出3个连接在一起的圆球。
3.多洒些水，在预热为160℃的烤箱中，烘烤25～30分钟。
4.移至冷却网冷却。
5.面包刀放在火上烧热后，把巧克力泡芙切成2半。
6.夹入挤成圆形的巧克力泡芙奶油，完成制作。

巧克力泡芙

泡芙面胚中加入可可粉制成，像穿了一件黑色外衣，若撒上装饰糖，口感更佳。

160℃ 25～30分钟 ★★★

食材：（20个）

水 100g
牛奶 100g
黄油 80g
细砂糖 3g
盐 1g
低筋粉 90g
可可粉 10g
鸡蛋 170～200g
蛋液 少许
装饰糖 少许
糖粉（装饰用）少许

Tip

表面不刷蛋液，撒上适量糖粉也可。

1 在锅中放入水、奶油、切碎的黄油、盐、细砂糖，在小火上加热。

2 黄油融化沸腾后，可取下离火。

3 放入过筛的低筋粉和可可粉，用刮刀迅速搅拌至无生面粉，同时使剩余水分蒸发。

4 从火上取下，直接放入另一个碗内，稍微冷却，把鸡蛋充分打发，边一点点加入，边搅拌。

5 用刮刀挑起面胚时，可用鸡蛋液调节浓度，直到使挑起时，可以画V字。

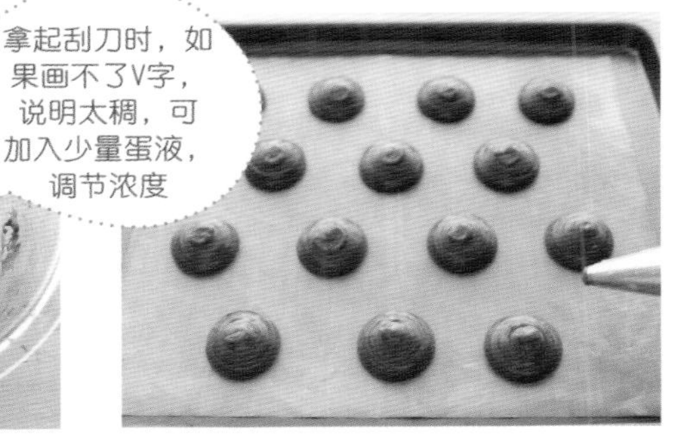

6 把胚料装入嵌有直径为1cm的圆形裱花嘴模的裱花袋，在烤盘上以一定间隔挤出圆形胚料。

7 用毛刷在表面刷蛋液，或多喷些水，撒上适量装饰糖。

8 把烤好的蛋糕移至冷却网冷却。

9 用筷子在底部扎孔，填入巧克力泡芙奶油，撒上糖粉。

泡芙奶油的制作

泡芙奶油是烘烤中最基本的奶油，用于填充泡芙或闪电泡芙。也可用于慕斯蛋糕或面包的制作。泡芙奶油中加入淡奶油，制品会更松软，淡奶油搅打至稠厚为宜。

食材：

牛奶250g、细砂糖60g、蛋黄3个、玉米淀粉30g、香草豆荚1/2个份（也可用香草精代替）

1. 在热传导好的锅中放入一半牛奶、香草籽、20g 细砂糖，微火加热，但不煮沸。
2. 在另一碗中放入蛋黄和剩下的 40g 细砂糖，搅打至呈奶油色。
3. 在 2 中放入过筛的玉米淀粉，拌匀。
4. 在 3 中，放入另一半 1 加热的牛奶。
5. 把 4 再全部倒入 1 中，用细筛过滤。
6. 用搅拌器快速用力搅拌，防止烧焦。
7. 稠厚并煮沸后，离火。
8. 移至宽大的盘上，大面积铺开，覆上塑料模，置于冷藏室中冷却。

Tip

使用热传导率高、锅底厚的铁锅或不锈钢锅为宜。煮沸的收尾阶段，放入黄油，搅拌至顺滑。移至另一碗中，冷却后，放入隔水加热融化的巧克力，拌匀。在宽大的盘上铺开，冷却，也可在下面放盆冷水使其冷却。放入搅打好的淡奶油，拌匀。

在基本泡芙奶油中加入巧克力。偏爱巧克力的话，可制作巧克力泡芙奶油，加入焦糖泡芙奶油、抹茶粉，便制成了抹茶泡芙奶油，来挑战制作各种泡芙奶油吧。

食材：

牛奶500g、细砂糖120g、香草豆荚1个份、蛋黄5个、玉米淀粉50g、黄油30g、巧克力100g、淡奶油100g、细砂糖10g

1. 在热传导性能好的锅中放入一半牛奶、香草籽、细砂糖，微火加热。在另一碗中放入蛋黄和剩下的2/3细砂糖，搅打至呈奶油色。
2. 蛋黄中放入细砂糖，再加入过筛的玉米淀粉，拌匀。
3. 在2中，放入另一半1加热的牛奶。
4. 把3再全部倒入1中，用细筛过筛，为防止烧焦，用搅拌器快速用力搅拌，搅拌至稠厚，煮沸后，离火。
5. 移至另一碗中，冷却。
6. 巧克力用隔水加热融化。
7. 冷却后，把巧克力放入5的泡芙奶油中，拌匀。
8. 加入稠厚的淡奶油（淡奶油制作请参照21页），拌匀，完成制作。

巧克力蛋糕

有着巧克力浓香的巧克力蛋糕。在蛋白中加入细砂糖后，再加入稠厚的蛋白糖霜，小心搅拌而成，简单方便，和朋友们一起分享吧！

170℃ 40～45分钟 ★★

食材：（6寸圆模1个）

蛋黄 45g
细砂糖A 45g
黄油 50g
巧克力 60g
细砂糖B（蛋白糖霜用）45g
糖粉（装饰用）少许
低筋粉 15g
可可粉 35g
淡奶油 50g
蛋白 80g

1 把黄油和切碎的巧克力隔水加热融化。

2 在碗中放入细砂糖A 和蛋黄，搅打至呈奶油色。

3 在2中放入1。

4 放入淡奶油，轻轻拌匀。

5 放入过筛的低筋粉和可可粉，用搅拌器搅拌。

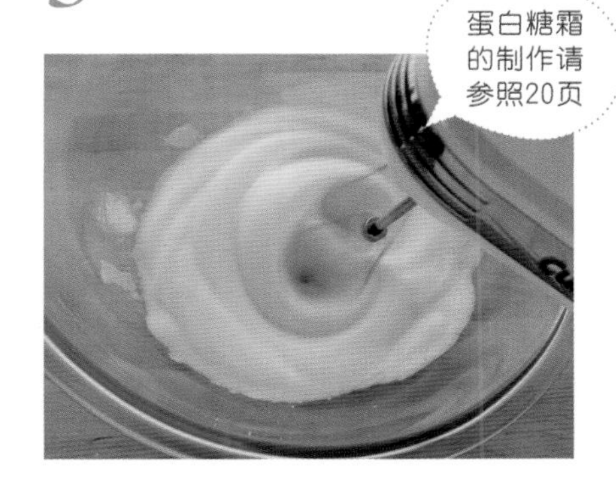

6 在碗中放入蛋白，轻轻搅打，挑起时末端可呈尖角时，一点点加入细砂糖B，搅打成稠厚的蛋白糖霜。

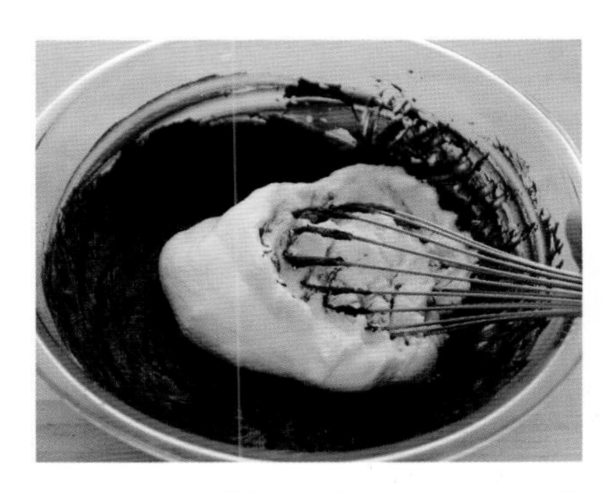

7 放入6的蛋白糖霜的1/3，用搅拌器搅拌至顺滑。

8 放入剩下的2/3蛋白糖霜，用刮刀由下至上小心搅拌，使其仍内部充有气泡。

9 圆模中铺硅油纸，倒入8的胚料，在170℃预热的烤箱中烘烤40～45分钟，脱模冷却后，撒上糖粉。

160℃ 50～60分钟 ★

食材：（6寸圆模1个）

⊙蛋糕胚

白巧克力 130g
黄油 90g
淡奶油 80g
蛋黄 90g
细砂糖A 50g
低筋粉 40g
抹茶粉 20g
蛋白 120g
细砂糖B（蛋白糖霜用）60g

⊙蛋糕装饰

淡奶油 100g
细砂糖 10g
抹茶粉 1小匙

白巧克力抹茶蛋糕

白巧克力蛋糕是由可可粉和白巧克力混合制成的。白巧克力抹茶蛋糕是加入抹茶粉和白巧克力而制成的，一起来感受苦涩的抹茶粉和浓香的白巧克力带来的独特风味吧。

1 在锅中放入白巧克力和切碎的黄油，使其缓慢融化。

2 加入加热了的淡奶油，轻轻地充分搅拌。

3 在蛋黄中放入细砂糖A，搅打至呈白色奶油色。

4 在3中放入2，搅拌至顺滑。

5 加入过筛的低筋粉和抹茶粉，用搅拌器搅拌。

蛋白糖霜的制作请参照20页

6 在蛋白中分2～3次放入细砂糖B，同时搅打，直至稠厚。

7 加入6的蛋白糖霜的1/3，搅拌。

8 加入剩下的2/3蛋白糖霜，用刮刀由下至上小心搅拌，使其仍内部充有气泡，把胚料装入圆模。

9 在160℃预热的烤箱中烘烤50～60分钟，蛋糕冷却后，在100g淡奶油中，放入细砂糖与抹茶粉搅拌，装入裱花袋，在蛋糕表面做装饰。

草莓蛋糕

草莓成熟的季节，制作爽口清香愉悦心情的蛋糕，草莓加上酸奶奶油，酸酸甜甜，制作精美，拿到朋友的聚会，朋友们一定会赞不绝口的。

无烤箱 ★★★

食材：（6寸慕斯模1个）

海绵蛋糕6寸1cm厚 2张

⊙酸奶奶油

奶油奶酪 200g
细砂糖 70g
原味酸奶 150g
明胶片 3g
淡奶油 150g
草莓 10个

⊙糖浆

水 100g
细砂糖 50g
朗姆酒 1～2小匙

1 准备2张直径为6寸的海绵蛋糕，其中一张剪去边缘。

2 把原味酸奶在过滤网中放置一天，沥干水分。

3 把明胶片放在冷水中浸泡。

4 把3的明胶片挤干水分。

5 把奶油奶酪打发。

6 在奶油奶酪中放入细砂糖，拌匀。

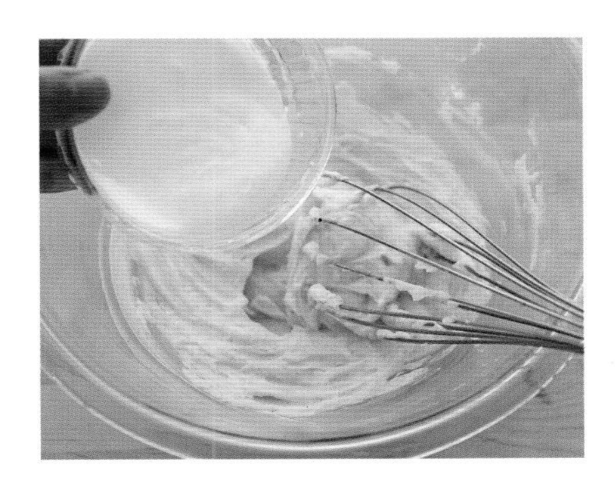

7 放入除去水分的酸奶，拌匀。

8 隔水加热融化的明胶，和面胚的一部分混合拌匀，明胶片完全融化后，放在整个面胚中。

9 把冷的淡奶油打发，放入面胚中（淡奶油的制作请参照21页）。

10 放入淡奶油的1/3，用搅拌器轻轻搅拌。

11 放入余下的2/3奶油，用刮刀轻轻搅拌，直至顺滑。

12 在慕斯模中，铺上直径为6寸的海绵蛋糕，刷糖浆。

13 把草莓竖着切成2半，顺慕斯模的内侧摆一周。

14 均匀涂抹酸奶奶油。

15 放上另一张海绵蛋糕，轻轻按一下，多刷些糖浆。

16 抹上剩下的酸奶奶油，表面整理平整后，在冷藏室中放置1小时以上，用热手巾把慕斯模包住，脱模。

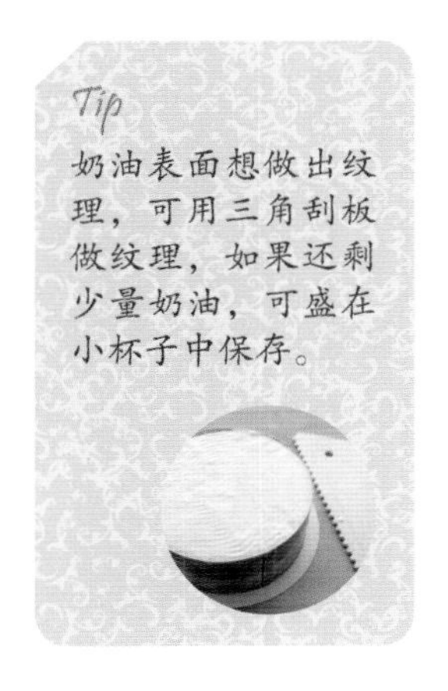

长崎蛋糕

长崎蛋糕美味可口。特别是口味和牛奶很搭配，给孩子当点心吃也是不错的选择。

140℃ 60～90分钟 ★★★

食材：（8寸方模1个）

蛋黄 8个
细砂糖A 80g
糖稀 20g
蜂蜜 3大匙
朗姆酒 3大匙
香草精 少许
低筋粉 150g
奶油奶酪 80g
黄油 30g
蛋白 4个
细砂糖B（蛋白糖霜用）80g

1 把蛋黄倒入碗中，打发，分几次放入细砂糖A，隔水加热打发。

2 放入糖稀、蜂蜜、香草精、朗姆酒，打发至呈白色。

3 在蛋白中分两三次放入细砂糖B，搅打至稠厚。

4 在2的面胚中，放入1/3蛋白糖霜，用搅拌器轻轻搅打。

5 放入1/3低筋粉，轻轻拌匀，再加入1/3蛋白糖霜，1/3低筋粉，如此反复加入粉料，拌匀。

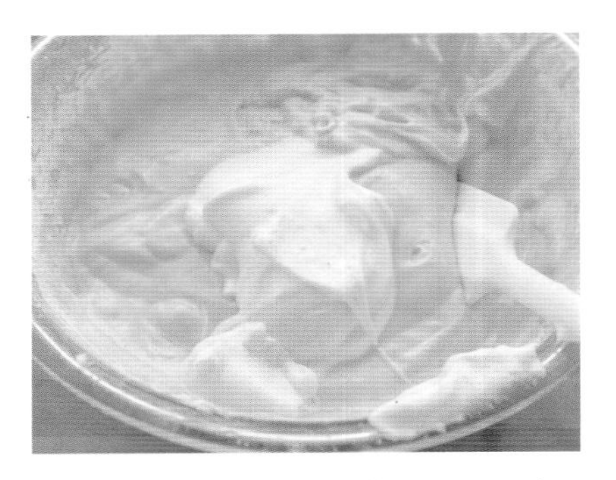

6 放入剩下的蛋白糖霜，用刮刀由下至上小心搅拌。

7 在搅打好的奶油奶酪中，放入融化的黄油，拌匀。

8 把胚料的一小部分和7混合，搅拌至顺滑，放入整个胚料中，搅拌。

9 在方模中倒入胚料，在140℃预热的烤箱中烘烤60～90分钟，把烤好的长崎蛋糕翻过来，冷却，覆上塑料或保鲜膜，密封放置一会儿即可食用。

美丽心情蛋糕

像名字一样，想让自己心情美丽时，做一份由柔软甜奶酪和苦味浓咖啡搭配而成的特色美食吧。

170℃ 40～45分钟 ★★★

可可粉 少许
海绵蛋糕6寸1cm厚 2张

⊙奶油

奶油奶酪 200g
细砂糖 70g
酸奶 60g
明胶片 3g
淡奶油 150g

⊙糖浆

细砂糖 50g
水 100g
速溶咖啡 2大匙
可可利口酒 1小匙

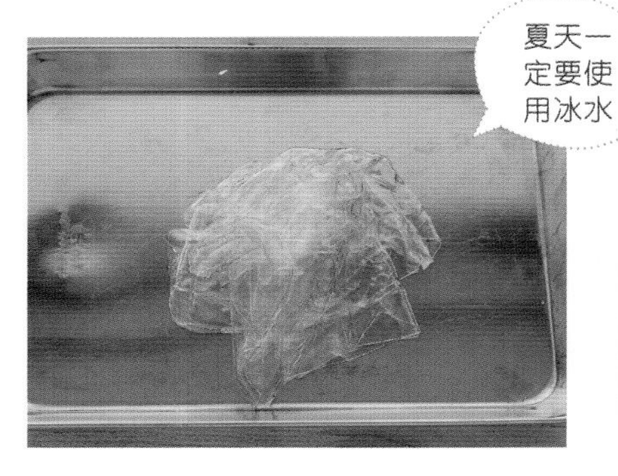

1 把明胶片放在冷水中浸泡10分钟以上，挤出水分。

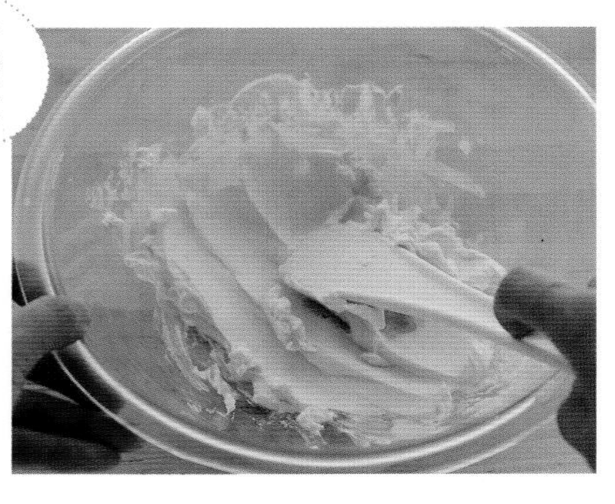

2 把奶油奶酪打发。

3 在奶油奶酪中放入细砂糖，拌匀。

4 放入酸奶，拌匀。

5 放入1/3隔水加热融化的明胶。

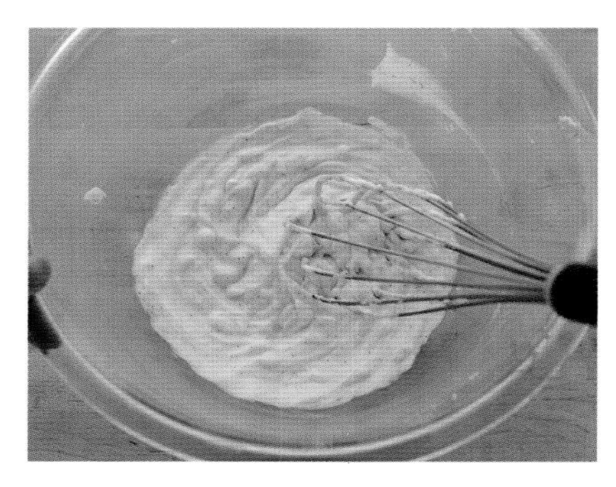

6 把5放在整个面胚中，混合拌匀。

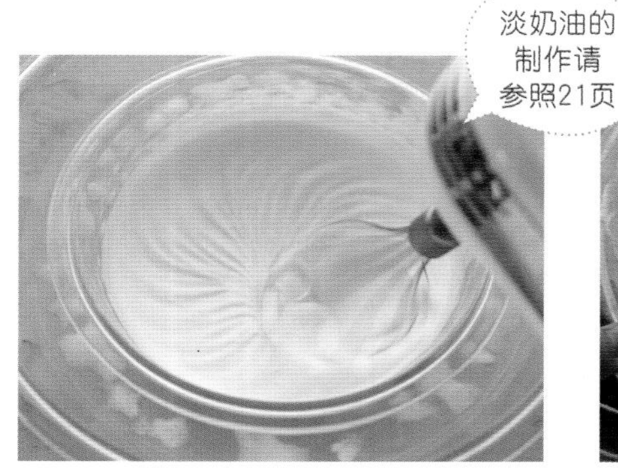

7 把淡奶油打发至略稀。

8 在6的面胚中放入淡奶油的1/3，用搅拌器轻轻搅拌。

9 放入余下的2/3奶油，用刮刀轻轻搅拌，并使内部仍充有气泡。

海绵蛋糕的制作请参照22页

10 准备2张直径为6寸的海绵蛋糕，把其中一张剪掉一圈待用。

11 水中放入细砂糖，煮沸，放入速溶咖啡，热气散去后，加入浓咖啡，制成糖浆。

12 在慕斯模内，铺上6寸的海绵蛋糕，多抹上些糖浆。

13 在慕斯模内填入一半9的奶油。

14 放上剪掉一圈的海绵蛋糕，轻轻按一下，多刷些糖浆。

15 填入剩下的奶酪奶油，表面整理平整后，在冷藏室中放1小时以上。

16 撒可可粉，用热手巾把慕斯模包住，脱模。

Tip

在撒可可粉或糖粉时，用印花模板装饰表面。

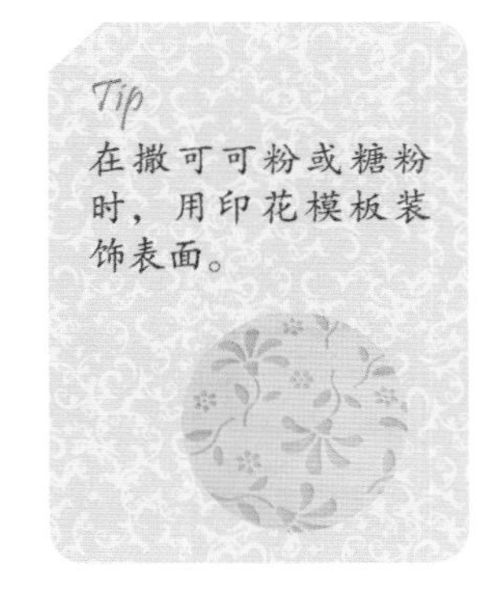